# 现代都市农业——水产业技术

XIANDAI DUSHI NONGYE–SHUICHANYE JISHU

付明星◎主 编

长江出版传媒 | 湖北科学技术出版社

## 《现代都市农业——水产业技术》编写人员

唐德文　段春生　李　清　陈锦文　何晏开　朱思华
朱传辉　童　永　刘双全　彭　彦

# 序言

PREFACE

都市农业的理念自20世纪90年代初引入我国以来，逐渐成为国内大中城市的共同选择并在实践层面取得了显著成效，特别是上海、北京、成都、武汉等特大城市的都市农业已具备了一定的水准和区域性特色，被国际都市农业基金会命名为国际都市农业示范城市。与此同时，国内专家学者在都市农业的理论研究和模式探讨方面也作了大量工作，不少有价值的研究成果陆续问世。然而美中不足的是，指导基层实践的具体技术与实际操作的书籍甚少，从而在一定程度上制约着现代都市农业的发展。

由付明星同志主编的“现代都市农业”丛书以发展现代都市农业为主线，紧密结合我国当前现代都市农业发展所亟需的最新实用技术和操作技能，分种植、水产、畜牧、农机、农村能源、乡村旅游、“两型”农业、农产品质量安全生产与监管、动物疫病防控、阳台·屋顶·庭院农业、农业信息与农产品现代物流、农村土地经营与产权交易等12个分册，具有较强的科学性、实用性和可操作性，对于普及现代农业科学技术，指导农民调整农业产业结构，促进农业增效、农民增收和城乡和谐发展具有十分重要的现实意义。

该丛书的撰稿人既有武汉大学、华中科技大学、华中农业大学、华中师范大学、湖北大学、武汉工业学院等高等院校涉农的教授，中国农科院油料所、湖北省农科院、湖北省社会科学院、武汉市农科院等涉农科研院所的学者，也有湖北省及武汉市相关农业技术推广机构的专家，这是一个理论与实践紧密结合的高水平编写团队。该丛书既可作为现代都市农业相关从业人员的技术参考指导用书，也可作为相关行政管理部门、行业技术服务部门和业务监管部门工作人员的工具用书。

在“现代都市农业”丛书即将付梓之际，我衷心希望它的出版发行能够进一步繁荣农业科普事业，促进现代都市农业发展，点燃广大农民朋友科技致富激情。

中国科学院院士
中国工程院院士　石元春

2012.5.25

# 目录

CONTENTS

现代都市农业——水产业技术

XIANDAI DUSHI NONGYE SHUICHANYE JISHU

# 第一章
# 鳜鱼池塘健康养殖技术

## 第一节 概 况

### 一、分类与分布

鳜鱼（*Siniperca spp*）在分类上属鲈形目，鮨科，鳜属。鳜鱼主要分布于中国、朝鲜、日本、越南等国，我国除青藏高原外，各大河流、湖泊、水库均有分布，尤以长江流域的湖北、湖南、江西、安徽、江苏等省的资源分布最大。鳜鱼在我国的种类有3属9种，包括翘嘴鳜、大眼鳜、斑鳜、长体鳜、中国少鳞鳜、高体鳜、暗鳜、柳州鳜、波纹鳜。目前进行人工养殖的仅翘嘴鳜和斑鳜。

### 二、养殖的现状和前景

人工养殖的鳜鱼是指鳜属中的翘嘴鳜（*Siniperca chuatsi*），俗称季花鱼、桂鱼等。鳜鱼是我国传统的名优淡水鱼类，肉质细嫩，无肌间刺营养丰富，味道鲜美。唐代诗人张志和著名诗篇“西塞山前白鹭飞，桃花流水鳜鱼肥”赋予鳜鱼美食文化。随着人们生活水平的不断提高，美味、健康、富贵的鳜鱼越来越被消费市场定位为大众化的高档水产品。

人工规模养殖鳜鱼最早报道是从上世纪80年代中期湖北省麻城县浮桥河水库网箱养殖鳜鱼开始的。80年代末期，科研部门开始对鳜鱼人工繁殖及苗种培育等应用技术进行系统研究。90年代初，武汉市水产科学研究所率先攻克鳜鱼苗种“寸片关”技术难题，随后在武汉新洲区涨渡湖渔场、江夏牛山湖、鲁湖渔场、湖北省汈汉湖渔场、洪湖大沙湖渔场进行鳜鱼苗种规模生产示范与推广，基本实现了鳜鱼苗种规模化生产，解决了鳜鱼人工养殖主要依赖长江天然“江花”品种不纯的制约，从而极大地推动了鳜鱼人工养殖业的发展。

鳜鱼人工养殖开展20多年来，养殖模式不断更新，从最初的网箱养鳜为主，发展到现在的池塘主养鳜鱼、河蟹池塘混养鳜鱼、湖泊增殖鳜鱼等多种模式。鳜鱼养殖规模不断扩大，尤其是广东省自上世纪九十年代初从湖北引进长江翘嘴鳜，依据其得天独厚的气候和饵料鱼资源，率先实现鳜鱼养殖产业化，已成为我国主要的鳜鱼苗种生产基地和商品鳜鱼养殖基地，全国90%以上鳜鱼苗种，50%以上的商品鳜鱼市场被广东占有。据2009年全国水产统计年鉴报告，2008年全国鳜鱼生产量达22.9万吨，产值规模超100亿元，产量排名前五位的主要是广东、江西、安徽、江苏、湖北。由于鳜鱼消费市场潜力大，养殖经济效益好，因此鳜鱼养殖业今后在我国仍将会有大的发展。

## 第二节　生物学特性

### 一、形态特征

体高，侧扁。头大而尖，头后背部隆起。腹部圆。口大，下颌明显长于上颌，上颌骨末端可伸达眼后缘。上颌、下颌、锄骨及口盖上均有小齿。眼大，眼径等于或大于眼间距。前鳃盖骨后缘呈锯齿状，下缘有4个刺；后鳃盖骨后缘有2刺。背鳍分两部分，前部分为棘，后部分由分支鳍条组成，其起点位于胸鳍起点的稍前方，基后部近尾鳍基。胸鳍为圆形。腹鳍胸位，也有硬棘。臀鳍外缘为圆形。尾鳍为圆形。头部及全体披细鳞，侧线在体中段向上弯。体色黄绿，腹部灰白，自吻端穿过眼至背鳍起点处有一斜形褐色斑条，背鳍棘中部处的两侧有一较宽的褐色斑条，向下可达胸鳍后缘处的距离，体侧上部有较多不规则的褐色斑块及斑点。

## 二、生态习性

1. 栖息　鳜鱼属底层鱼类，广泛分布于江河、湖泊和水库。自然条件下，通常生活在静水或水流缓慢等较洁净的水体中，尤以水草繁茂的河段、湖泊数量较多。冬季水温低于7℃，栖息在深水处。春季水温回升后，鳜鱼逐渐游向浅水区觅食。人工养殖中，夏、秋季鳜鱼常隐藏在池边水草旁，早春和晚秋鳜鱼常用尾鳍将淤泥搅拨掉，形成沙质或硬泥底基的窝穴，然后成群卧藏其中。冬季则栖息于池塘深处。

2. 食性　鳜鱼是典型的肉食性凶猛鱼类。终生以活鱼为食。刚孵化脱膜时体长3.20～3.85毫米,借助孵化水流身体上下窜动，依靠自身卵黄囊营养，这段时期称为胚后内源性营养期。3～4天后，体长达4.46～5.10毫米，即开口摄食外界营养，这时游动能力较差，其摄食主要依靠水流将游至身体前方的饵料鱼捕获，绝大部分是将饵料鱼的尾部吃进，少部分吃进饵料鱼的头部。体长达7毫米的仔鳜，捕食能力明显增强，在静水中可顺利摄食，其摄食行为可分解为注视、跟进、识别、袭击、咬住、吞噬反应等一连贯动作。体长 10 厘米以上时，则以适口的小型鱼类为食，饥饿时同类间相互蚕食。

鳜鱼对饵料鱼的种类选择性不是很强，人工养殖条件下，所投喂的花鲢、白鲢、青、草、鲤、鲫、鳊、鲴、鲮等适口饵料鱼均能有效摄食。相对来说，鳜鱼喜食体型细长的鱼类，如鲮、鲴、草鱼等。鳜鱼摄食有明显的节律，凌晨和黄昏是鳜鱼的两个明显的摄食高峰期。

3. 生长　长江中下游地区 6 ~ 9 月份，是鳜鱼的生长旺季，平均水温 26 ~ 33℃，鳜鱼摄食旺盛，摄食量大，生长最快，月增重最高可达 150 ~ 200 克。进入 11 ~ 12 月份，水温降至 10℃左右，鳜鱼仍未停食，即使在寒冷的冬季，鳜鱼仍能继续摄食生长。鳜鱼从野生资源开始人工养殖以来，经过 20 多年人工选育，鳜鱼生长速度提高 30% ~ 40%，养殖当年最大个体可达 1 000 ~ 1 300 克。

4. 繁殖习性　鳜鱼能在江河、湖泊和水库中自然产卵繁殖，繁殖季节为 4 ~ 7 月份。长江流域 4 月底至 7 月初；北方较迟，6 ~ 7 月份；广东、广西和海南进入 4 月就可催产。繁殖时适宜水温为 20 ~ 32℃，最合适水温为 25 ~ 28℃。鳜鱼性成熟较早，雄性通常一龄即可成熟，雌性性成熟年龄为二龄，人工养殖的鳜鱼生长发育更快，两性均能在一冬龄达性成熟，人工催产繁殖时，雌性最小 3 龄，雄性最小 2 龄，最小体重雌鱼 1.0 千克，雄鱼 0.75 千克。鳜鱼属分批产卵类型，产出的卵为半漂流性卵，能随水流呈半漂浮状态，在漂流中完成孵化。其卵径 1.2 ~ 1.4 毫米，受精卵孵化温度为 20 ~ 32℃，受精卵约 25 ~ 62 小时胚体才能孵出，刚孵出的鳜鱼苗在卵黄囊消失后，即主动摄食外界营养。

# 第三节　池塘健康养殖技术

## 一、池塘条件

鳜鱼养殖池塘条件比常规鱼养殖池塘要高，主要要求水源水质好，面积和水深适宜，淤泥较少等。养殖鳜鱼池塘应具备以下几个方面的条件：

1. *水源和水质*　池塘水源方便，水质良好，溶氧量较高（大于5毫克/升），无污染，注排水方便。

2. *面积和水深*　主养鳜鱼池塘面积一般为5~10亩，面积过大，饵料鱼密度低，不利于鳜鱼捕食，增加了鳜鱼体能消耗，饵料系数变大；面积过小，池塘水质变化快，不利于管理。池塘深度要求2.5~3.0米，水深2.0~2.5米。

3. *池形和周围环境*　池形最好为东西向的长方形，这样既便于拉网操作，又能接受较长时间的光照。池塘周围不宜有高大树木和高杆作物，以免阻挡阳光照射和风力吹动，影响浮游植物的光合作用和气流对水面的作用，从而影响池塘溶氧量。

4. *池塘底质的改良*　养鳜鱼池塘要求淤泥较少，淤泥厚度在20厘米以内。每年冬季或鱼种放养前必须干池清除过多的淤泥，并让池底暴晒和冰冻，改良底质。鱼种投放前，最好用生石灰清塘，一方面杀灭潜藏和繁生于淤泥中的有害致病菌，另一方面有利于提高池水的碱性和硬度，增加缓冲能力。

5. *池塘配套设施*　随着鳜鱼养殖技术的不断完善和提高，鳜鱼养殖产量和产品品质不断提升。养殖鳜鱼池塘必须配备专用的电路，保证电力充足，供应及时。为了饵料鱼转运方便，需配备活鱼转运车。为了改善池塘溶氧和水质，每3~5亩池塘需配备一台1.5千瓦增氧机。鳜鱼主养池配备水质监测系统，可为科学调控池塘水质提供依据。

## 二、池塘主养

为达到池塘鳜鱼多季均衡上市的目的，池塘鳜鱼主养分三种养殖模式。

### （一）鳜鱼早苗快速养成秋季上市养殖模式

指将武汉地区四月底至五月初早批繁育的鳜鱼苗，通过强化培育，供应充足的饵料鱼，在4~5个月内将鳜鱼快速养成商品鳜，于9月底至10月上旬上市销售，获取高效益。主要技术要点：

1. 放养前池塘消毒　在鱼苗放养前7~12天，用生石灰或漂白粉带水全池泼洒进行清塘消毒，彻底杀灭池塘中的杂鱼、小虾及其他有害生物。

2. 鳜鱼放养前基础饵料鱼的投放　鳜苗放养前10~15天培肥水质，选择鲮、鲢、草鱼等其中的一种水花作为鳜鱼下塘时的基础饵料鱼，密度60~100万尾/亩。

3. 鳜鱼下塘前池塘水的处理　加注新水至水深1.0米以上，使用氯制剂消毒池水，杀死水中有害细菌和寄生虫。

4. 鳜苗放养　将在鳜鱼苗种培育池养至4.0~10.0厘米的鱼苗拉起，按不同规格不同密度分别放入鳜鱼主养池。一般4.0~5.0厘米规格，密度1 200~1 300尾/亩；6.0~7.0厘米规格，密度1 100~1 200尾/亩；9.0~10.0厘米规格，密度800~900尾/亩。

5. 饵料鱼配套养殖及投喂　一般按鳜鱼主养池与饵料鱼配套的 1∶3～4 比例配套饵料鱼养殖面积。饵料鱼品种可以用本地鲢、鲫、草鱼作为饵料鱼，其他时间段均以广东麦鲮作为配套饵料鱼。麦鲮养殖密度按 50～100 万尾 / 亩进行高密度养殖，随着鳜鱼的生长需要逐渐稀疏，一般为一次放足多次投捕。6~9 月份生长旺季，每隔 3～5 天拉网投喂一次，具体见饵料鱼投喂适口规格（表 1）。

表 1　不同规格鳜鱼适口饵料鱼规格（厘米）

| 鳜鱼全长 | 3.0～7.0 | 8.0～14.0 | 15.0～20.0 | 21.0～25.0 | 26.0～35.0 |
|---|---|---|---|---|---|
| 饵料鱼全长 | 2.0～4.0 | 4.5～7.0 | 7.5～10.0 | 10.0～13.0 | 13.0～16.0 |

饵料鱼投喂量，按月分别计算大致比例，具体见表 2。

表 2　不同月份鳜鱼饵料鱼投喂量比例

| 月份 | 6 | 7 | 8 | 9 | 10 |
|---|---|---|---|---|---|
| 投喂量占比（%） | 5～10 | 20～25 | 35～40 | 25～30 | 0～5 |

6. 水质管理　鳜鱼主养池水质要求“肥、活、嫩、爽”，水体溶氧 5 毫克 / 升以上，pH 值 7.5～8.0，非离子氨浓度 < 0.02 毫克 / 升，硫化氢浓度 < 0.01 毫克 / 升，亚硝酸盐氮 < 0.1 毫克 / 升。每 3～5 亩安装 1.5 千瓦增氧机一台，晴天下午 2:00–3:00 开机 1～2 小时；气压低、天气闷热时在晚上 12 点后开机至次日凌晨。每隔 10～15 天，用生石灰 15～25 千克 / 亩兑水全池泼洒，或用微生态制剂调节水质，保证池塘水质良好。

7. 鱼病综合防治　以防为主，防治结合。放养前，池塘暴晒、除野、消毒；鳜苗下塘前洗澡消毒。鱼种阶段，定期抽样镜检，重点防治车轮虫、斜管虫、指环虫、锚头蚤等寄生虫疾病；8~9月份开始重点预防细菌性烂腮、细菌性出血；综合防控病毒性疾病。

该模式产量指标一般设定在400～500千克/亩，由于销售时间要求与市场紧密衔接，价格较高，亩产值在25 000～30 000元/亩，亩效益6 000～10 000元/亩。

2. 鳜鱼中期苗养成冬春上市模式　指将五月底至六月初繁育的中期苗，通过饵料鱼配套投喂，在6～7个月内将鳜鱼养成商品鳜，于十二月底至翌年初春上市销售。其主要技术要点基本同第一种养殖模式，主要不同点就是饵料鱼配套投喂量6～9月比例略低，而且10～12月还要考虑饵料鱼配套。该模式产量指标设定在500～600千克/亩，由于销售时主要集中在冬春，市场价格相对较低，亩产值在20 000～24 000元，亩效益在3 000～6 000元。

3. 鳜晚苗年底养成大规格翌年夏季上市模式　指将武汉地区6月底至7月中旬繁育的晚批苗，通过饵料鱼配套投喂，在10～12个月内将鳜鱼养成商品鳜，于翌年夏季上市销售，获得高效益。主要技术要点基本同第一种养殖模式，最大不同点就是鳜鱼养殖时间长，饵料鱼配套除6~11月采用麦鲮配套外，其他时间还要采用秋白鲢、鲤、鲫等养殖配套，饵料鱼难度加大，鳜鱼病害防治难度大。

该模式产量指标一般设定在500～600千克/亩，由于销售时主要集中在春夏高温季节，此时市场价格处于一年中的最高价，亩产值在30 000～35 000元，亩效益在8 000～12 000元。

## 三、池塘混养

武汉地区目前比较常见的池塘混养模式有三种：

1. *池塘河蟹鳜鱼混养* 20世纪90年代末期，江苏率先在河蟹养殖塘内混养鳜鱼获得成功，现已在全国各地河蟹养殖塘中混养鳜鱼。其原理是：根据河蟹养殖池塘水草茂盛，水质好，溶氧高，适宜鳜鱼生长，但两者栖息水层及食性不同，通过营造两者互利共生的生态环境，池塘管理以满足河蟹要求为前提，鳜鱼以池中丰富的野杂鱼虾为食，一方面降低了野杂鱼与河蟹争食争氧争空间的矛盾，促进了河蟹的生长，提高了河蟹成活率和养成规格；另一方面廉价的野杂鱼转化为商品价值高的鳜鱼，达到双丰收，从而整体提高了养蟹池塘经济效益。

蟹池混养鳜鱼应做到：

(1) 选好鳜鱼苗种。应从本地正规鳜鱼苗种厂家选购品种纯、生长快、体质好、规格整齐的纯正翘嘴鳜。

(2) 把握好混养鳜鱼的规格数量。蟹池中混养的鳜鱼苗种在六月上旬前放养结束，规格要求5.0～10厘米，混养鳜鱼数量主要根据饵料鱼丰歉和适口性而定，一般每亩放养量控制在10～30尾，采用特别增投饵料鱼方式，可适当将鳜鱼种放养量增大到50尾/亩。

(3) 重视蟹池鳜鱼养殖管理。池塘布设微孔增氧设施，保持池塘较高溶氧。应对蟹池饵料鱼数量进行抽检调查分析，如野杂鱼数量较少，则应先在蟹池中投放少量（4～5尾/亩）鲫鱼亲本或鲢、鳊、鳙夏花。要谨慎使用药物，防止药物致鳜鱼死亡。

2. *池塘鳜鱼—鲮鱼—常规鱼种混养* 指在生产常规大规格鱼种的同时，增投当年麦鲮夏片、鳜鱼种，通过培肥水质，投喂饵料，促进规格鱼种和麦鲮的生长，池中鳜鱼以适口麦鲮为食，不断减少池中饵料鱼数量，持续性降低池塘负荷，从而使池塘初级生产力得以最大程度的释放，低值的麦鲮及小型野杂鱼转化为商品价值高的鳜鱼，最终收获大规格鱼种、商品鳜及未消耗完的麦鲮，从而实现池塘增产增收。该模式适合那些面积大（30 亩以上），开挖回型沟能够进行种草养鱼的粗养池。主要技术要点包括:

（1）放养种类。主要以花鲢夏花、麦鲮夏花、鳜鱼苗种为主，少量搭养编、鲫、鲴等夏花鱼种。

（2）放养时间规格及密度。五月初淹青后，花鲢夏花（规格为 1.5 ~ 2.0 厘米）按 1.0 万尾 / 亩投放；5 月中旬投放第一批麦鲮夏花（1.5 ~ 2.0 厘米），密度 5.0 万 ~ 10 万尾 / 亩；5 月下旬至 6 月上旬开始投放鳜鱼苗种，规格 5.0 ~ 6.0 厘米，密度 150 ~ 200 尾 / 亩，同时投放第二批麦鲮夏花，密度 10 万 ~ 15 万尾 / 亩。

（3）养殖与管理。鳙、鲮的产量是决定该养殖模式成败的关键。鲮、鳙由于密度较大，生长较鳜鱼缓慢，保证了鳜鱼的正常摄食，但若鳙、鲮生长过缓，影响饵料鱼整体产量，则鳜鱼亩产也不会很高，所以要加强饵料鱼鱼种的饲养管理，要定期根据池塘内麦鲮的规格，适当调整投喂量及次数，使其和鳜鱼同步快速生长。高温 6~9 月份，由于池塘鱼类密度大，要保证投饵施肥，池塘水质保持“肥、活、嫩、爽”。每 5 ~ 10 亩，安装增氧机一台。定期用生石灰、微生态制剂调节水质。由于鳙、鲮疾病较少，池塘以鳜鱼防病治病为主。

（4）养殖周期与起捕。该模式由于鳜鱼养殖密度不大，加之饵料鱼供应持续充足，因此鳜鱼生长较快。养殖至 9 月中旬，早批鳜鱼苗即达上市规格。一般从九月中下旬开始，鳜鱼便可陆续用丝网起捕上市，至11月下旬，池塘鳜鱼基本上可以销售完。池塘干塘时间应以麦鲮临界温度为准，在水温下降至5℃以下，麦鲮开始死亡，7℃以下土鲮开始死亡。因此池塘应在冬季大寒潮来临之前，干塘起捕池塘内剩余的鳙、鲮以及其他鱼种。

（5）产量与效益。该模式鳜鱼产量一般在50～100千克/亩，鳙鱼种产量100～150千克/亩，剩余麦鲮产量50～100千克/亩。亩产值在3 500～6 000元，亩效益在2 500～3 500元。

3. 池塘套养　成鳜的套养主要有成鱼池套养和亲鱼池套养两种方式。鳜鱼种放养一般亩平3～5厘米的鳜鱼40～50尾或8～10厘米的鳜鱼15～20尾。具体放养量可视塘内野杂鱼的多少而增减，以充分利用野杂鱼为前提。由于鳜鱼对溶氧要求比家鱼高，因此混养塘水质要控制，定期注入新水，定时开启增氧机，另外鳜鱼对某些杀虫药物较敏感，施药时应特别慎重，采用此方法套养鳜鱼，新增鳜鱼产量10～15千克/亩，增收200～300元/亩。

## 四、捕捞与运输

鳜鱼的捕捞、运输和销售是鳜鱼养殖生产中的重要环节，直接影响养殖的最终效果。

1. 捕捞　池塘养殖鳜鱼的捕捞主要用成鱼拖网、丝刺网和干塘等方式进行。捕捞前一般用撒网或丝刺网检查池塘中鳜鱼生长规格及达标鳜鱼比例，只有在达标商品鳜比例超过80%的前提下，才能考虑用拖网全池拉网起捕。随着拉网起捕数量越来越少，再采用降低池塘水位的方法，直至最后干塘起捕。干塘起捕鳜鱼时，应带水操作。由于死鳜鱼的商品价值大大低于活鳜，因此商品鳜鱼销售采用活鱼销售方式，在捕捞操作时应十分细心，防止鳜鱼受伤或因操作不当而发生死亡。

2. 运输　鳜鱼的运输，应视规格、数量和距离远近，采用经济实用的运输工具和运输手段。

鳜鱼夏花运输，用塑料袋注水充氧运输较好。一般 30 厘米 × 60 厘米规格的氧气袋，规格为 1.5 ~ 2.0 厘米装 300 ~ 400 尾，规格为 3.0 ~ 4.0 厘米装 200 ~ 300 尾，5 厘米以上鳜鱼种不要用塑料袋充氧运输，以免鳍条刺穿氧气袋。用氧气袋运输时，应避免高温，防止阳光直射，以免影响成活率。一龄鳜鱼种运输，短距离可用广口容器装水运输，中长距离应用活水车装运。商品鳜鱼运输应配备双套增氧设备，高温天气带冰降温，确保运输成活率。

## 第四节　饲养管理

### 一、水质调控

“养鱼先养水”。鳜鱼养殖的核心重在水质调节，保持良好水色及充足溶氧是鳜鱼水质调控的目标。水质调控要点为：

(1) 鳜鱼下塘前，要培好水质，水色以嫩绿色为宜，养殖中后期应始终保持“肥、活、嫩、爽”状态。

(2) 每 3 ~ 5 亩安装 1 台 1.5 千瓦增氧机，并适时开启增氧机，保持池水溶氧 5 毫克 / 升以上。晴天下午 1 ~ 3 时开机 1 ~ 2 小时；阴雨连绵、气压低的闷热天气提前开机，并注意通宵开机。一般池塘溶氧最低的时间是凌晨 5：00 ~ 6：00，时刻避免发生鳜鱼浮头死鱼事故。

(3) 鳜鱼主养池透明度保持25～30厘米。若水质过肥，藻类生长过盛时，全池可泼洒“四季安”；水质过瘦，发黑时可全池泼洒“双氧氯”，培肥水质，促进藻类生长，加速水体的物质循环。

(4) 水色呈墨绿色时，即晴天水色变化不明显时，可第一天泼洒“四季安”，第二天遍洒“双氧氯”改水。

(5) 高温季节每隔半月投放“水鲜”或“改水素”等调水素，转化池塘过多有机物质，降低氨氮、亚硝酸盐氮、硫化氢等有害物质，减少应激因子，增强鱼体抵抗力。

(6) 寡水（不反光的水）极易发生病毒病，可先全池洒“双氧氯”，第二天再施“水鲜”，药性消失后使用无机肥培肥水质。

(7) 通过观察鳜鱼粪便的形状、颜色差异掌握鳜鱼生长状况。如粪便黏着度高、呈长条状、灰白色、疏松的粪便说明鳜鱼生长较好；如粪便呈颗粒状、不均匀、颜色过浅或过浓时，说明鳜鱼生长状况不佳，多由水质不良引起，建议视具体情况使用“水鲜”或“水宝”等改良水质。

(8) 如发现中毒症（即表现为吐食、粪便稀短），可全池泼洒水质改良剂，消除水体有害因子，缓解应激状态。

(9) 如池塘饵料鱼多，鳜鱼摄食状态不佳，说明池塘水质不佳或鳜鱼已患病，须取样镜检观察，对症下药。

## 二、投饲管理

鳜鱼养殖成本70%由饵料鱼决定，而且鳜鱼饵料鱼要求鲜活、规格大小适口，因此鳜鱼养殖过程中饵料鱼配套难度大，直接关系到养鳜成败。

### （一）饵料鱼配套

须根据鳜鱼养殖规模的大小，预先对全年各个阶段所需饵料鱼的数量和规格制定周密、细致的生产计划和具体实施方案，以保证做到饵料鱼数量充足、体质健壮、规格适口、供应及时。简单概算全年所需饵料鱼重量方法为：计划出售时商品鳜的个体重量，减去放养时鳜鱼种的个体重量，得出每尾鳜鱼在饲养过程中新增加的个体重，然后乘以放养时鳜鱼种的总尾数，乘以鳜鱼种饲养的成活率（60%～80%），再乘以饵料系数（4～5），即得出全年所需饵料鱼的重量。

### （二）饵料鱼投喂技术

1. 投饵量　投饵量的多少随着水温的变化而变化。一般规律是春少、夏多、秋渐减。在不同的季节，鳜鱼的摄食率是不同的，6～7 月份摄食率为 20%～30%；8～9 月份为 25%～20%；10~11 月份摄食率为 10%～5%。在冬季的低温期，鳜鱼不停食，仍要少量摄食。

2. 饵料鱼规格　合理的饵料鱼规格，即要求便于鳜鱼的猎捕和吞食，又要求饵料鱼不能太小。太大，鳜鱼不能吞食；太小，不仅不经济，而且还会导致鳜鱼频繁捕食，消耗更多的体能，提高饵料鱼系数。因此，在饵料鱼生产环节，尽量做到规格适口。

3. 饵料鱼投喂频率　一般在 6~9 月份鳜鱼生长旺季，每 3～5 天拉网投喂 1 次。10 月份以后可降至 10～15 天拉网 1 次。

4. 饵料鱼消毒　饵料鱼在投放前 1～2 天，可对饵料鱼塘进行杀虫杀菌消毒处理。饵料鱼进池前须对鱼体浸泡消毒，可选用“聚维酮碘”或“杀车灵”，以避免寄生虫或病原微生物带入鳜鱼塘。

# 第五节　病害防治

## 一、预防措施

鳜鱼生活于水体底层，患病后难察觉症状，一旦浮于水面显现症状时，就已进入疾病的中晚期，治疗难度较大，因此，应实施健康科学的养殖模式，保持池塘生态系统的动态平衡，预防疾病的发生。

1. 彻底清塘　冬季暴晒池底，清除过多淤泥。在鳜鱼种下塘前，采用生石灰或漂白粉清塘。

2. 合理密养　放养密度应根据池塘环境条件、养殖技术水平、饵料鱼的充足与否、资金投入等因素而定。湖北地区养殖鳜鱼不能照搬广东模式，片面追求高产量。建议鳜鱼苗种放养量以800～1 200尾/亩为宜。

3. 加强水质管理　鳜鱼养殖的核心重在水质调节，保持良好水色及充足溶氧。

4. 把好饵料鱼关　要求投喂饵料鱼规格适口，无病无伤，供应量充足均衡。

5. 不滥用药物　预防药物应避免使用强刺激性、高危害、高残留等违禁药物。

6. 选用抗病力强的苗种　从正规苗种生产厂家选购生长速度快、抗病力强的鳜鱼。

7. 做好隔离措施　养殖区域进排水渠分开。一旦发病，应严格避免饵料鱼、水源、工具等相互传染。

## 二、常见病害的诊断与治疗

1. 车轮虫、斜管虫病

(1) 病原体。车轮虫、斜管虫。

(2) 病因。由车轮虫、斜管虫寄生引起。在池塘过小、水体过浅、水质过肥或过瘦、饵料鱼不足，放养密度过大、尤其是连续阴雨天气的情况下极易发生，水温 28℃以下，危害各种规格鳜鱼。流行时间：一年四季均可发病，严重寄生时，可引起鳜鱼苗种的大批死亡。

(3) 症状。少量车轮虫、斜管虫寄生在规格较大的鱼体上时，没有明显的症状。当大量车轮虫、斜管虫寄生于苗种鳃、体表、鳍条等处时，引起寄生部位黏液分泌增多，病鱼呼吸困难，喜在进水口或增氧机附近游动。由于大量车轮虫、斜管虫在鱼体体表和鳃部不断移动，造成寄生处上皮细胞受损，使身体的部分甚至全部变成灰白色。当大量寄生、病程较短时，鳃部附着淤泥，没有腐烂，淤泥与鳃丝界限清晰。当少量寄生、病程较长时，鳃丝末端腐烂，鳃丝与淤泥混淆。在水中可观察到病鱼体色发黑、消瘦，离群独游。

(4) 预防。加强水质管理，保持水质清新；阴雨连绵天气，定期泼洒“杀车灵”，杀灭水体中原生动物、细菌、真菌；控制养殖密度；保证充足饵料鱼的供应，增强鱼体抗病力。

(5) 治疗方法。全池均匀泼洒“杀车灵”，如遇阴雨低温天气，间隔 24 小时再使用一次；也可选用“虫尽”或“混杀手”配合硫酸铜使用，为避免引起继发性感染，一般第二天须使用“双氧氯”消毒一次。如同时发生病毒病，应先按病毒病的处置方案进行。

2. 指环虫病

(1) 病原体。指环虫。

(2) 病因。由指环虫寄生引起，流行于春末夏初，靠虫卵及幼虫传播，主要危害苗种，大量寄生时可引起苗种大批死亡和成鱼零星死亡，并极易继发感染细菌及病毒病。

(3) 症状。当虫体少量寄生在鳜鱼鳃上时，没有明显的症状；当大量寄生时，病鱼鳃丝黏液增多，全部或部分充血发紫，鳃丝肿胀，鳃盖张开，鳃丝呈块状腐烂，腐烂部位充塞淤泥。由于指环虫有聚居的特性，翻开鳃盖，仔细观察，在阳光下肉眼可见白色虫体，并有蠕动感。在显微镜下，一片鳃观察到5~7个寄生虫时，即可诊断为该病。发病鱼一般在鱼塘中较难观察到，死亡鱼直接浮于水面，该病的发生与病毒病的发生有较为密切的关系。

(4) 治疗方法。发病后可根据不同的类型分别选用“虫尽+硫酸亚铁”或“鳜虫净”，杀虫后第二天为避免继发性细菌感染，可使用一次“双氧氯”或“一元笑”或“四季安”。如同时发生病毒性疾病，则只能按病毒病的处置方案进行。

3. 细菌性烂鳃病

(1) 病原体。柱状屈挠杆菌。(有些学者认为是鱼害黏球菌。)

(2) 病因。由柱状屈挠杆菌感染引起。水质不清新、有机质较多、淤泥深、氨氮含量高、寄生虫寄生后引起鳃组织损伤等因素均可引发该病。流行水温15~30℃，水温越高越容易暴发流行，导致患病死亡的时间也就越短。在广东一年四季均可发病，流行高峰为5~7月份。从鱼种至成鱼阶段均可发病，患病后的鳜鱼死亡率可达20%~80%。

（3）症状。初期，鳃丝末端充血，略显肿胀，使鳃瓣前后呈现明显的鲜红和乌黑的分界线；继后，鳃丝末端出现坏死、腐烂，甚至软骨外露。鳃瓣末端附着淤泥，形成明显的泥沙镶边区，鳃丝与淤泥模糊不清，如遇阴雨天低温天气，极易感染真菌，形成典型的鳃霉症状。在发病鱼塘中，发病鱼死亡之前，一般漫游现象很少，体色也较正常，濒临死亡的鱼一般易“贴边”，因该病的症状表现易与车轮虫、斜管虫病混淆，因此须通过镜检采取排除法确诊。

（4）预防。①加强水质管理，定期泼洒“水宝”或“氨净”、“改水素”、“底改素”，重在消除氨氮或亚硝酸盐氮含量过高对鳃组织造成的损伤。②在发病高峰期定期消毒杀菌，可选用“双氧氯”或“一元笑”。③及时控制车轮虫、斜管虫及锚首吸虫病的发生与发展。

（5）治疗方法。①定期泼洒“水宝”或“氨净”等改良剂。②定期用“双氧氯”等氯制剂消毒杀菌。③发病时连续使用“双氧氯”两次。之后，使用“鳜鱼康”或“水宝”改善水质。

4. 细菌性暴发性出血病

（1）病原体。嗜水气单胞菌。

（2）病因。由嗜水气单胞菌感染引起，池塘淤泥过深，养殖密度过大，长期不清塘消毒，氨氮、亚硝酸盐氮含量高，鱼体体质弱时可引发该病。

（3）症状。早期病鱼的上下颌、眼眶、口腔、鳃盖、眼眶周围、鳍条基部及鱼体两侧轻度出血发红。严重时，腹部肿大，肛门外翻发红。解剖观察腹腔内有黄色或血红色腹水，肝、脾、肾肿胀。

（4）预防。同细菌性烂鳃病。

（5）治疗方法。先使用“氨净”或“水宝”一次，两小时后再使用“双氧氯”或“一元笑”配合0.3毫克/升硫酸铜泼洒1~2次，病情严重时，可追加一次“鳜鱼康”或“四季安”。

5. 病毒性出血病

（1）病因。①养殖密度过高（每亩平均放养1000尾以上）长期形成一种环境胁迫效应。②水质过于清瘦或过于老化，氨氮及亚硝酸盐氮或硫化氢长期处于一种高含量水平。③寄生虫的继发感染，尤其是锚首吸虫的侵袭。④发生细菌性疾病。⑤天气突变，尤其是连续大暴雨或台风前后以及昼夜温差变化大而水位又较浅时（低于1.2米）。

（2）流行时间。流行高峰期为每年的7~10月，特别是在连续大暴雨或刮台风等气候突变的条件下，更易出现大规模流行，大多危害10厘米以上鳜鱼。

（3）症状。发病池塘水突然变浑浊，鳃丝发白或呈花斑状，胃壁呈斑状充血，肠道充血发红或呈球状充血，肠内容物充塞黄色流晶样物质，塘内黑头黄身漫游鱼类增多。在排除寄生虫感染、细菌性烂鳃、细菌性出血病及中毒症而大量死亡时，凡发病鱼塘有符合上述二条症状时，均可判断为病毒性出血病。

（4）预防。①养殖密度合理，每亩放养6~8厘米鳜鱼种800~1000尾。②定期预防寄生虫、细菌性疾病，可选用“虫尽”、“杀车灵”、“双氧氯”或“一元笑”。③保持池塘水质的肥、活、嫩、爽，定期泼洒“水鲜”、“氨净”。④疾病高发期保持池水水位1.5米左右，水位过浅，水体理化因子易受外界影响而产生变化，水位过深，水体底层易产生有害物质。

（5）治疗方法。①停止投喂饵料鱼，不换水、不施肥。②严禁施用强刺激性药物，如漂白粉、硫酸铜、氯制剂等。③先使用“水鲜”一次，两小时后再使用“双氧氯”或“一元笑”或“鳜鱼康”或“巨威碘”。④严重时，无有效治疗方案。

6. 中毒病

(1) 病因。水质不良，水质过肥，有机质不能充分分解氧化后，产生氨氮、硫化氢、亚硝酸盐、甲烷等有害气体，表现为增氧机曝气的水泡大而久久不破散。是由溶氧过低、酸碱度不适当，或养殖过密，或长期不换水，或用药过度，或投放饵料鱼过多，或水体受工业和生活污水污染，引起鳜鱼中毒。

(2) 症状。表现兴奋、不安、乱窜、暗浮头、挣扎、吐食或粪便不正常，捕捞起来的鱼一般体表潮红，抽筋、鱼体发硬、瞳孔缩小，饲料鱼与其他鱼及一些水昆虫也有死亡。剖检可见肝脾淤血，血液暗红，但水中重金属污染中毒的血液鲜红。如水中亚硝酸盐过量缺氧中毒的血液呈巧克力糖色，肝带褐色。美曲膦酯百虫、硫酸铜中毒，黏液较少，体色发暗，鳃发紫。

(3) 治疗方法。①鱼塘因氨氮、亚硝酸盐、硫化氢含量过高造成的内源性中毒，可使用“水宝”或“氨净”一次。②因有毒药物滥用及工业或生活污水造成的外源性污染可使用较高剂量的“水鲜”1~2次，并延长增氧机开机时间。

7. 棘头虫病

(1) 病因。由棘头虫寄生肠道引起。

(2) 症状。病鱼腹部膨大，剖开腹腔，肠道充血，肠壁薄而脆，剪开肠道。有许多白色虫体附着肠道壁上。严重时，因虫体寄生在肛门处形成花瓣状。

(3) 防治方法。彻底清池，合理密养可预防该病发生。发病后全池泼洒“虫净”或“混杀手”配合硫酸亚铁1~2次。

8. 复口吸虫病

(1) 病因。由复口吸虫寄生引起。

(2) 症状。病鱼身体失去平衡，头向下、尾朝上在水面旋转；头部、眼眶充血，严重者体型弯曲、眼球水晶体浑浊呈白内障症状，甚至水晶体脱落。

(3) 流行情况。从鱼苗、鱼种至成鱼均可感染，特别是螺类较多的池塘更易发病，流行于 5~8 月份。

(4) 防治方法。彻底清塘，杀灭池中螺类，驱赶鸥鸟可有效预防该病的发生，发病后全池泼洒“虫净”或“混杀手”配合硫酸铜、硫酸亚铁合剂 2 次，间隔 2 天再使用 2 次。

# 第二章 黑尾近红鲌健康养殖技术

## 第一节 概况

### 一、分类与分布

黑尾近红鲌（*Ancherythroculter nigrocauda*）又名黑尾鲌、黑尾刁等，隶属鲤形目、鲤科、鲌亚科、近红鲌属，是分布于长江上游干流及其支流的特有鱼类。黑尾近红鲌与翘嘴红鲌等其他鲌亚科鱼类不同，其捕捞出水后并不是很容易死亡，运输存活率也较高，易采用活鱼上市以提高商业利润。

### 二、养殖现状与前景

近年来，黑尾近红鲌在国内具有广泛的消费市场，因其营养丰富、味道鲜美，受到消费者的青睐，价格也居高不下。黑尾近红鲌商品鱼主要来源于湖泊、水库野生资源，随着人工捕捞的增加，湖泊水库的天然资源面临枯竭，市场供不应求。黑尾近红鲌晒干或风干后风味更佳，是理想的加工品种。发展黑尾近红鲌人工养殖具有良好的市场前景。

2011 年，黑尾近红鲌在湖北、安徽、江西、江苏、湖南、四川、重庆、浙江、河南、新疆等全国范围推广养殖 200 余万亩，其中在武汉市、荆州市、咸宁市、黄石市、宜昌市、黄冈市、仙桃市等湖北省范围推广养殖 100 余万亩，在武汉市的东西湖区、蔡甸区、黄陂区、汉南区、新洲区、江夏区等地推广养殖 15 余万亩。

黑尾近红鲌主要有池塘养殖、大水面增养殖和网箱养殖等模式，在湖北池塘养殖 11.559 万亩，大水面增养殖 88.75 万亩，部分地区有少量网箱养殖。其中池塘主养亩平纯利 4 000 ~ 5 000 元，池塘套养亩平均增收 400 元以上，网箱养殖每平方米获利 300 元左右，湖泊增殖放流亩平均增值 100 元左右。

黑尾近红鲌是一种高蛋白、低脂肪、氨基酸含量丰富的鱼类，其营养价值高，口味鲜美，适宜于加工，具有较高的经济价值。

黑尾近红鲌具有常规养殖品种不可比的八大经济特性：

（1）养殖成本低，效益显著。黑尾近红鲌的养殖成本为翘嘴红鲌的 50%，养殖 1 千克鱼的成本为 7 元左右。湖北地区市场价格为 16 ~ 25 元 / 千克，养殖经济效益显著。

（2）耐低氧能力强，适宜于集约化养殖。黑尾近红鲌养殖单产高，池塘主养每亩可达 600 千克以上，网箱养殖每平方米可达 25 千克以上。

（3）生长速度快，二冬龄养成商品鱼。当年繁育的鱼苗培育成大规格鱼种，次年成鱼养殖可达商品鱼规格（根据不同的养殖模式，可获得规格在 0.5 ~ 1 千克的商品鱼）。

（4）性情温顺，适宜活鱼上市。翘嘴红鲌应激反应强烈，出水极易死亡。黑尾近红鲌性情温顺，宜活鱼运输。

（5）抗病能力强，养殖成活率高。黑尾近红鲌对常规药物无禁忌，目前还未见流行病，对其他鱼类的病害常用防治药物无不良反应。黑尾近红鲌鱼种培育成活率可达 85%以上，成鱼养殖成活率可达 90%以上。

(6) 食性杂，食物来源广。黑尾近红鲌既可吃配合饲料，又可吃水中的浮游动物和有机碎屑，适宜人工投喂配合饲料高密度集约化养殖。

(7) 容易养殖，农户接受快。黑尾近红鲌养殖技术易被农民接受，会养鲤、鲫鱼就能养黑尾近红鲌。

(8) 上钩率高，极易垂钓。黑尾近红鲌是城郊休闲渔业的优良新品种。

## 第二节　生物学特性

### 一、形态特征

身体侧扁。口亚上位，斜裂，后端延至鼻孔后缘下方。鼻孔约位于吻端至瞳孔的中点。眼较小。头后背部显著隆起，腹部在腹鳍基部处略内凹。侧线较平直，位于体侧中部。腹棱自腹鳍基部至肛门。

背鳍第 3 根硬刺较发达，背鳍起点至吻端稍小于至尾鳍基部的距离。胸鳍长，其末端达到或超过腹鳍基部，腹鳍末端几近肛门。尾鳍深叉，下叶略比上叶长。背部为深灰色，体侧浅灰色，腹部银白色，各鳍略带灰色。

鳔 2 室，后室大，长度约为前室的 2.3 倍，呈圆筒形。腹腔膜银灰色。肠管短，前端膨大，后端细小，约为体长的 0.8 ~ 0.9 倍。

与几种鱼类的区别见表 3 ~ 5。

**表 3　黑尾近红鲌与青梢红鲌（戴氏鲌）的显著区别**

| 品种 | 生长 | 食性 | 鳔 | 尾鳍颜色 | 外部形态 |
|---|---|---|---|---|---|
| 黑尾近红鲌 | 快 | 杂食性偏肉食性 | 鳔 2 室，或第 3 鳔室退化 | 尾鳍上下叶边缘为灰黑色 | |
| 青梢红鲌 | 慢 | 肉食性 | 鳔 3 室 | | 头部较小，头后背部稍隆起 |

**表 4　黑尾近红鲌与鲴亚科鱼类的显著区别**

| 品种 | 分类 | 生活水层 | 食性 | 耐氧能力 | 鳍条颜色 | 口的位置 |
|---|---|---|---|---|---|---|
| 黑尾近红鲌 | 鲌亚科 | 上层 | 杂食性偏肉食性 | 超过草鱼等品种 | 各鳍浅灰色；尾鳍灰色，上下叶边缘为灰黑色 | 口半上位 |
| 细鳞斜颌鲴 | 鲴亚科 | 中下层 | 杂食性 | 不耐低氧 | 尾鳍橘黄色，其他各鳍均为浅黄色 | 口下位 |
| 黄尾鲴 | 鲴亚科 | 中下层 | 杂食性 | 不耐低氧 | 显著黄色 | 口下位 |

**表 5　黑尾近红鲌、蒙古红鲌和翘嘴红鲌的显著区别（人工养殖条件下）**

| 品种 | 食性 | 生长速度 | 饲料成本 | 外部形态 |
|---|---|---|---|---|
| 黑尾近红鲌 | 杂食性偏肉食性 | 快 | 低 | 口亚上位，头后背部显著隆起；各鳍带灰色，尾鳍上下叶的边缘尤为明显 |

续表

| 品种 | 食性 | 生长速度 | 饲料成本 | 外部形态 |
|---|---|---|---|---|
| 蒙古红鲌 | 肉食性 | 慢 | 高 | 口端位；头后背部微隆起；背鳍灰白色，胸鳍、腹鳍和臀鳍均为淡黄色；尾鳍上叶淡黄色，下叶鲜红色 |
| 翘嘴红鲌 | 肉食性 | 慢 | 高 | 口上位；头背部几乎平直；各鳍灰色乃至灰黑色 |

## 二、生态习性

1. 栖息　黑尾近红鲌分布于长江上游干流及其支流，生活在江河的上层，以小型鱼类为主要食物。

2. 食性　自然状态下，黑尾近红鲌主要以小型鱼类和虾为食，其中日本沼虾、中华鳑鲏出现率均在 40%以上；鲫等不能分辨的其他鱼类、水生植物出现率 10%～20%；其他食物的出现率都很低。在人工养殖条件下，黑尾近红鲌以蛋黄或轮虫、小型枝角类为开口饵料，以后逐渐由浮游动物转食水生昆虫和人工配合饲料。

3. 生长　在自然条件下，黑尾近红鲌两冬龄鱼平均体长 14.9 厘米，体重 40 克；三冬龄鱼平均体长 19.1 厘米，体重 83 克；四冬龄鱼平均体长 25.3 厘米，体重 219 克。而在人工养殖条件下，投喂人工配合饲料的黑尾近红鲌，一冬龄鱼平均体长 24.2 厘米，体重 398.5 克；二冬龄鱼平均体长 30.1 厘米，体重 695.9 克；三冬龄鱼平均体长 34.0 厘米，体重 990.4 克；四冬龄鱼平均体长 37.5 厘米，体重 1 099.9 克。在人工条件下投喂配合饲料的黑尾近红鲌生长速度快于自然条件下生长速度，两冬龄就可以达到上市要求，养殖周期短，利于资金周转，提高养殖效益。

4. 繁殖习性　黑尾近红鲌的生殖季节为4~8月，在长江中下游地区人工繁殖为4月底至7月中旬，以5月中旬至6月中旬为宜。其产卵的适宜水温为24～29℃。

在自然状态下，黑尾近红鲌喜有水草基质的流水处产卵，需要水温变化的刺激。据观察，在繁殖期内逢大雨后初晴的当晚，往往发生大规模产卵活动。此时，水位上涨，径流量增大，河水浑浊，经日晒后河水的表层温度较高，亲鱼受到刺激后，即集群产卵。观察还发现，繁殖季节如较长时间无雨，电站发电时的水流也可诱导产卵活动，只是产卵活动一般仅限于电站附近流速稍微加大的河流中央或岸边。

黑尾近红鲌为产黏性卵的鱼类，产卵多发生在20到24时。产卵场是在有水草的宽敞水域，亲鱼在河水中央漂浮的水浮莲或岸边的水草下产卵繁殖。受精卵黏附于水草的茎叶上发育。水葫芦、金鱼藻、轮叶黑藻、水浮莲等的须根上黏附的受精卵最多，同时也会在岸边弯曲入水的竹叶上产卵。

## 第三节　主要养殖模式及技术要点

### 一、池塘主养

#### （一）大规格鱼种培育

1. 池塘面积及水深　面积以3～6亩为宜，水深1.5～2米。

2. 放养前的准备工作　清塘除害：放养前10～15天带水清塘，清除敌害生物、杀灭病原体。具体方法为：在池塘加注新水80～100厘米后,每亩施用40～50千克茶饼进行清塘，或使用清塘剂清塘；次日使用杀虫剂。也可应用常规的生石灰消毒方法。

施足基肥：放养前 7 ~ 10 天施基肥，每亩施放充分发酵的有机粪肥 70 ~ 150 千克（根据粪源、水温、池塘条件等确定），或使用生物肥料、绿肥。

杀菌消毒：放养前 1 天，使用二氧化氯杀菌消毒。

适时下塘：观测水质，检查饵料生物，苗种经试水安全后下塘。

3. 苗种放养　放养密度：根据出塘规格和设计鱼产量确定放养密度。一般设计鱼种产量 300 千克 / 亩左右的池塘，放养 2 ~ 3 厘米的夏花 1 万 ~ 1.5 万尾。采取池塘分级培育大规格鱼种方式的，可以先密放（3 万尾 / 亩）后（1 个月，达 8 厘米后）分稀的方法进行。

苗种消毒：苗种下池前，用碘制剂等药物消毒。

4. 饲养管理　夏花鱼种下塘后 3 ~ 5 天，每日投喂豆浆 2 次，日投喂黄豆量为 1.5 ~ 2 千克 / 万尾。

鱼种达到 4 厘米以上时，人工定点投喂适宜人工配合饲料，日投喂 1 ~ 2 次，日投喂量为体重的 1% ~ 2%；鱼种达到 5 厘米以上时，日投喂 3 ~ 4 次，日投喂量为体重的 4% ~ 6%。并根据水温和摄食情况确定具体投喂量。

5. 日常管理　适时追肥：在鱼种培育的整个阶段，根据水体饵料生物情况，适时追施以生物肥为主的肥料，以均衡增加池塘饵料生物量，降低饵料成本。施放量：按照厂家说明书使用。

科学调水：随着水温的不断升高，池塘鱼产量的增加，池底亚硝酸盐、氨氮、硫化氢等物质的逐步积累。为改善养殖水体环境，保持水质“活、嫩、爽”，必须进行科学方法调节水质（详见本章第四节）。

6. 效益分析

(1) 收入。1万尾/亩×85%×1元/尾=8 500元/亩。

(2) 成本。苗种成本：1万尾/亩×0.15元/尾=1 500元/亩。饲料成本：1万尾/亩×85%÷44尾/千克×1.3×3 600元/吨÷1000千克=900元/亩。池租、肥料、药物、水电等：1000元/亩。

(3) 利润（收入－成本）。8500元/亩–1500万元/亩–900元/亩–1000元/亩=5100元/亩。

7. 实例分析　武汉市蔡甸区张湾街养殖户胡红安：采用8亩池塘主养黑尾近红鲌大规格鱼种，2010年6月放养黑尾近红鲌夏花15万尾，年底收获15厘米的大规格鱼种12万余尾，养殖成活率达80%；总产值12万元，除去夏花鱼种、饲料、肥料、渔药等成本，获利9万元，亩平均利润11 250元。

**(二) 池塘成鱼养殖**

1. 池塘条件　池塘面积5～20亩均可，水深2.0～2.5米左右。且水源充足，水质清新无污染；排灌方便，保水性好；池底淤泥厚10～15厘米。每5亩水面配备投饵机和增氧机各1台。

2. 黑尾近红鲌放养规格与密度　足量投放人工养殖且体质健壮、无病无伤、规格在15厘米左右的黑尾近红鲌苗种，放养量为1 000～1 500尾/亩。

3. 配养鱼类及密度　白鲢：夏花鱼种放养200尾/亩左右。黄颡鱼：100～200尾/千克的鱼种放养500～800尾/亩。切忌投放比黑尾近红鲌抢食能力强的鲤、鲫。

4. 放养时间　晚秋至早春放养。

5. 放养前的准备工作　鱼种放养前对池塘进行彻底清塘除害、施足基肥、培肥水质和杀菌消毒（具体方法可参照池塘大规格鱼种培育）。

6. 日常管理　加强饲养管理，对养殖池塘进行适时追肥、调节水质、科学喂养（日投喂 3 次）并观察鱼情、防治病害。

7. 效益分析

(1) 收入。650 千克 / 亩 × 16 元 / 千克 =10 400 元 / 亩。

(2) 成本。鱼种成本：1200 尾 / 亩 × 1 元 / 尾 =1 200 元 / 亩。饲料成本：650 千克 / 亩 × 1.5 × 3.6 元 / 千克 =3 510 元 / 亩。池租、肥料、药物、水电等：800 元 / 亩。

(3) 利润（收入 – 成本）。10 400 元 / 亩 –1 200 元 / 亩 –3 510 元 / 亩 –800 元 / 亩 =4 890 元 / 亩。

8. 实例分析　武汉市东西湖吴家山农场养殖户王营建：采用水深 1.5 米、总面积为 12 亩的三口池塘，每亩放养 12 ~ 14 厘米黑尾近红鲌1 000 尾，投喂青鱼料，边养殖边垂钓，亩投入 4 170 元；年底起产规格为 0.40 ~ 0.65 千克 / 尾，成活率 88.5%，饲料系数 1.5，亩单产 453.5 千克，鲌亩产值 9 000 元（成鱼售价 16 元 / 千克，垂钓价 26 ~ 30 元 / 千克），亩利润 4 830 元。

武汉市东西湖三店农场养殖户王才绍：采用水深 2 米、面积 10 亩的池塘，每亩放养 12 ~ 14 厘米黑尾近红鲌1 200 尾，适量套养花白鲢，投喂青鱼料，亩投入 4660 元；年底起产规格为 0.40 ~ 1.00 千克 / 尾，成活率 91%，饲料系数 1.45，亩单产 560 千克，鲌亩产值 8 960 元（成鱼售价 16 元 / 千克），其他鱼类亩收入 1 000 元，亩利润 5 300 元。

武汉市东西湖东山农场养殖户杨勇：采用水深 2 米、面积 8 亩的池塘，每亩放养 13～14 厘米黑尾近红鲌1 500 尾，适量套养花白鲢和黄颡鱼，投喂青鱼料，亩投入 5 960 元；年底起产规格为 0.38～0.84 千克 / 尾，成活率 92%，饲料系数 1.48，亩单产 685 千克，鲌亩产值 10 412 元（成鱼售价 15.2 元 / 千克），花白鲢和黄颡鱼等亩收入 1 200 元，亩利润 5 652 元。

## 二、池塘套养

吃食性鱼类、河蟹等集约化养殖池塘可适量套养黑尾近红鲌。

1. 常规鱼类鱼种培育池中套养　在草鱼、青鱼、武昌鱼、鲤鲫鱼等常规鱼类鱼种培育池塘内套养 2～3 厘米黑尾近红鲌，密度为 2 000 尾 / 亩左右。年终可收获 15 厘米左右、单产达到 40 千克 / 亩的黑尾近红鲌大规格鱼种。

2. 常规鱼类成鱼养殖池中套养　在草鱼、青鱼、团头鲂、鲤鲫鱼等吃食性鱼类成鱼养殖池中套养 12 厘米以上黑尾近红鲌，密度为 50～100 尾 / 亩。年终收获规格在 500 克左右，单产达 20～40 千克 / 亩的黑尾近红鲌商品鱼。

3. 黄颡鱼主养池中套养　在主养大规格黄颡鱼（1.1 厘米以上开口苗 3 万尾）池塘内套养 2～3 厘米黑尾近红鲌夏花，密度为 5 000 尾 / 亩左右。年终可获得 100 尾 / 千克的黄颡鱼 200 千克 / 亩，收获规格在 15 厘米以上的黑尾近红鲌鱼种 100 千克 / 亩。

在主养黄颡鱼成鱼池中套养 12 厘米以上黑尾近红鲌鱼种，密度为 500～600 尾 / 亩，年终可获得规格在 500 克以上、单产量达 200 千克的黑尾近红鲌商品鱼（配放少量白鲢，忌放花鲢和鲤鲫鱼）。

4. 龟鳖池套养　在龟鳖养殖池塘内套养12厘米以上黑尾近红鲌鱼种，密度为400尾/亩左右。年终可收获规格在500克以上，单产达150千克/亩的商品鱼（配放少量白鲢）。

5. 成蟹池套养　在成蟹池套养12厘米以上黑尾近红鲌鱼种，密度为50尾/亩左右。年终收获规格在500克左右，单产达20千克/亩左右的黑尾近红鲌商品鱼。

6. 套养实例分析　新洲汪集街孔埠的养殖户黎文华：在水深2.5米的18亩常规鱼类主养塘中，每亩套养8~10厘米的黑尾近红鲌鱼种78尾。年底起产平均规格0.55千克/尾，成活率87.4%，鲌鱼亩单产37.5千克，鲌亩产值554元（成鱼售价14.8元/千克），亩增加鲌利润507元。

东西湖东山农场养殖户魏义虎：在水深2.5米的10亩常规鱼类主养塘中，每亩套养12~15厘米的黑尾近红鲌鱼种80尾；年底起产平均规格0.5千克/尾，成活率93%，鲌亩单产37.2千克，鲌亩产值558元（成鱼售价15元/千克），亩增加鲌利润478元。

东西湖吴家山农场养殖户段传军：在水深2.5米的22亩常规鱼类主养塘中，每亩套养12~15厘米的黑尾近红鲌鱼种100尾；年底起产规格0.45千克/尾，成活率90%，鲌亩单产40.5千克，鲌亩产值608元（成鱼售价15元/千克），亩增加鲌利润508元。

## 三、湖泊养殖

在冬季或早春投放12~15厘米的黑尾近红鲌鱼种，密度为10~20尾/亩，当年养成规格在500克以上，单产5~10千克/亩的黑尾近红鲌商品鱼，亩平增收100元左右。

在6–7月投放5厘米以上的黑尾近红鲌鱼种，亩投放密度80～100尾，当年规格达到150克以上，次年冬季起捕规格可达1 000克以上。亩平单产30千克，亩平年单产15千克，亩平年增收80元左右。本方式适宜于湖泊捕大留小的作业方式。

实例分析：

武汉市蔡甸洪北乡养殖户李文华，2009年至2010年连续二年在东荆河道边围栏3 000亩泛水湖泊，放养黑尾近红鲌夏花2万尾，以及花白鲢、草鱼等常规鱼类，淹没天然绿草肥水养殖。2009年黑尾近红鲌起产规格达0.4～1.2千克/尾，成活率57.1%，鲌鱼亩单产1.7千克，鲌鱼亩产值13.7元（成鱼售价8.1元/千克），亩增加鲌利润12.7元。

2010年武汉市武湖农业发展有限公司在黄陂区六指街大咀村望家田30 000亩的北湖中，放养2.5～3.5厘米的黑尾近红鲌夏花鱼种20万尾。年底起产规格0.5～0.75千克/尾，起捕率31.4%，鲌鱼亩单产1.1千克，鲌鱼亩产值13.4元（成鱼售价12.2元/千克），亩增加鲌鱼利润12.4元。

## 四、水库网箱养殖

网箱设置在水面比较开阔、水流通畅的地方，以上游地区为主，要求水底比较平坦。网箱养殖区周围没有污染源，上游没有大片漂浮水生植物。水深大于5米，网箱底部与水底的距离大于1.5米。鱼种进箱前15天挂好网箱，使其着生藻类，避免鱼种擦伤。

投放5厘米黑尾近红鲌鱼种，当年养成15厘米左右的大规格鱼种，次年养成商品鱼规格。放养密度为400尾/平方米，单产8千克/平方米。

投放15厘米左右的鱼种，放养密度为60~80尾/平方米。投喂适宜的配合饲料，当年可养成500克以上的商品规格，单产25千克/平方米左右。

实例分析：

跟踪通山富水水库和长阳清江水库共三口示范网箱的养殖与销售情况，并对黑尾近红鲌进行养殖效益分析。其平均成活率85.8%，饲料系数1.95，规格0.66千克/尾，产量28.1千克/平方米，产值441.0元/平方米，利润155.4元/平方米。

## 第四节　饲养管理

### 一、水质调控

#### （一）物理方法

1. 适当注水、换水　水质清新水源充足的池塘可参照透明度指标采取必要的注水和换水措施。当池水的透明度低于20厘米时，可以考虑抽出老水1/3~1/2，然后注入新水。一者带进丰富的氧气和营养盐类，再者冲淡池水中的有机物，恢复池水成分的平衡。这是改良水质最有效的办法，但要注意注入水要保证水源的质量，换水时温差不得超过3℃，否则易造成冷、热应激，导致鱼类生病。

2. 适时增氧　保持池水溶氧丰富适时开动增氧设备，增加水中氧气，不仅能够增加鱼类对饲料的消化利用率，而且能够促使池水中有机物分解成无机物被浮游植物所利用，还能有效地抑制厌氧细菌的繁殖，降低厌氧细菌的危害，对改良鱼池水质起着相当重要的作用。增氧的方法有两种：一是科学使用增氧机，在高温季节的晴天午后开增氧机 1～2 小时。阴雨天时，当溶解氧含量低于 3 毫克 / 升或鱼类开始浮头时，应及时开机；二是在突发性缺氧时或缺水停电情况下可采用化学增氧如按 2～3 千克 / 亩使用喷洒过氧化钙等。

3. *定期搅动塘底* 在养殖期内适时搅动塘底（一般每两个月搅动一次），可以促使池水上下混合，加速底部有机物分解及重新释放出塘底吸附的营养盐类和微量元素，这一措施对促进池水浮游生物的生长繁殖，防止池水老化和改善池塘浮游生物的组成都有显著效果。

**（二）化学方法**

1. *适当施肥* 施肥可以增加鱼池中的饵料生物量，但更重要的是可以改良水质。施肥适当，可保持浮游植物适当的密度，使池水的透明度适中。浮游植物对池塘水质的调节功能主要有两点：一是吸收水中的氨氮和二氧化碳；二是通过光合作用产生氧气，增加池水中氧气的贮备量。施肥时用的底肥一般采用微生物发酵和石灰消毒的有机肥，而在养殖过程追施的肥料，则一般采用无机肥。

2. *定期施用生石灰* 施用生石灰主要是调节池水的酸碱度，使其达到良好水质标准的 pH 值范围，同时作为钙肥可以促使浮游生物的组成维持平衡。一般每月施用生石灰一次，采取用水溶解释稀后全池泼洒，每次每立方米水体用生石灰 30 克～40 克。

3. *定期施用消毒剂和改良剂* 在鱼类生长期内，每月施用氯制剂消毒液两次，每次使池水氯含量 0.5～0.6 克 / 立方米，可起灭菌杀藻作用；每月施用底质改良剂一次，不仅可以吸附池水中的悬浮物，更重要的是可以改良底质，从而起到改良水质的作用。目前，有一种亚硝酸根离子去除剂也可作为水产养殖土壤改良及底质活化剂。

（三）生态方法

1. 确定科学的放养模式　适当混养滤食性鱼类按照生态互补原则，确定合理的放养密度。混养适当比例的滤食性鱼类则能提高鱼池水体的自我调控能力，延缓池水老化速度。

2. 施用生物制剂　该方法是20世纪90年代末发展起来的高新技术，其原理是从自然界获取和分离对人畜无害又能吸收水中氨氮和硝态氮、分解动物蛋白，抑制有害病菌生存的微生物，经过人工培养、繁殖投入养殖池中，使其发挥治水作用且对人体、环境无伤害，这种方法是目前有发展前景的方法。在水温25℃以上，选择日照较强的天气，每月施用生物制剂如复合型枯草芽孢杆菌净水剂、光合细菌等微生物制剂。施用微生物制剂后要注意增加氧气，这样才能达到较佳的水质调节效果。

## 二、投饲管理

1. 合理投饵　每天上午7~8时和下午5~6时分3～4次定点投喂。按照先相对分散后集中的方法投喂粗蛋白含量40%以上破碎料，最后达到定点投喂。

饲养前期（约1个月）：投喂粗蛋白含量40%以上的破碎料，规格达8厘米；日投喂3次；投喂量以鱼摄食行为不明显为准。饲养中期（约1个月）：投喂蛋白质含量36%以上的粒径为1.0毫米的饲料，规格达12厘米；日投喂3次；投喂量以鱼摄食行为不明显为准。饲养后期（约2个月）：投喂粗蛋白质含量 32%的粒径为 1.5 毫米的饲料，规格达 15 厘米左右；日投喂 3 次；投喂量以鱼摄食行为不明显为准。

在生长旺季，投喂量要大些，在其他几个月可以少些，具体情况根据天气和鱼的摄食状况灵活掌握。投食要做到定时、定量、定位、定质。一般情况下，10 亩鱼池设两个投饵机，分放不同的地方，使黑尾近红鲌均匀摄食，不出现大的规格差异。

2. 适时追肥　在鱼种培育的整个阶段，根据水体饵料生物情况，适时追施以生物肥为主的肥料，以均衡增加池塘饵料生物量，提高天然鱼产量，降低饵料成本。

## 第五节　病害防治

### 一、病因

水产动物生病后往往不如陆生动物生病时那样容易被发现，一般在发现时已有部分动物死亡。因为它们栖息于水中，所以给药的方法也不如治疗陆生动物那么容易，剂量很难把握。并且，在发现疾病后即便能够治愈，也耗费了药品和人工，影响了动物的生长和繁殖，在经济上已造成了损失。治病药物多数具有一定的毒性：一方面或多或少地直接影响养殖动物的生理和生活，使动物呈现消化不良、食欲减退、生长发育迟缓、游泳反常等，甚至有急性中毒现象；另一方面可能杀灭水体和底泥中的像硝化细菌那样的有益微生物，从而破坏了水体中的物质循环，扰乱了水体的化学平衡；有大量浮游生物存在的水体中，往往在泼药以后，大批的浮游生物被杀死并腐烂分解，引起水质的突然恶化，可能会发生全池动物死亡的事故。另外，有些药物在池水中或养殖动物体内留有残毒。因此，防重于治的观点一定要树立。

## 二、预防措施

1. 彻底清池　清池包括清除池底污泥和池塘消毒两个内容。育苗池、养成池、暂养池在放养前都应清池。新水泥池在使用前一个月左右就应灌满清洁的水，浸出水泥中的有毒物质，浸泡期间应隔几天换一次水，反复浸洗几次以后才能使用。已用过的水泥池，在再次使用前只要彻底洗刷，清除池底和池壁污物后，再用 1/10 000 左右的高锰酸钾或漂白粉等含氯消毒剂溶液消毒，最后用清洁水冲洗，就可灌水使用。

养成池一般为土池。新建的池塘一般不需要浸泡和消毒，如果灌满水浸泡 2 ~ 3 天，再换水后放养更加安全。已养过鱼、虾的池塘，因在底池中沉积有大量残饵和粪便等有机物质，形成厚厚的一层黑色污泥。这些有机质腐烂分解后，不仅消耗溶解氧、产生氨、亚硝酸盐和硫化氢等有毒物质，而且成为许多种病原体滋生基地，因此应当在养殖的空闲季节即冬季将池水排干，将污泥尽可能地挖掉。放养前再用药物消毒。消毒时应在池底留有少量水，盖过池底即可，然后用漂白粉 50 ~ 80 毫克 / 升浓度，或生石灰 400 毫克 / 升浓度左右，溶于水中后均匀泼洒全池，过 1 ~ 2 天后灌入新水，再过 3 ~ 5 天后就可放养。

2. 保持适宜的水深和优良的水质及水色　水深的调节：在养殖的前期，因为养殖动物个体较小，水温较低，池水以浅些为好，有利于水温回升和饵料生物的生长繁殖。以后随着养殖动物个体长大和水温上升，应逐渐加深池水，到夏秋高温季节水深最好达 1.5 米以上。

水色的调节：水色以淡黄色、淡褐色、黄绿色为好，这些水色一般以硅藻为主。淡绿色或绿色以绿藻为主，也还适宜。如果水色变为蓝绿、暗绿，则蓝藻较多；水色为红色可能甲藻占优势；黑褐色，则溶解或悬浮的有机物质过多，这些水色对养殖动物都不利。透明度的大小，主要说明浮游生物数量的多少，以 30～40 厘米为好。无论哪种浮游生物，如果繁殖过量，在水面漂浮一层水华。此时透明度一般很低，说明水质已老化，应尽快换水。

换水是保持优良水质的最好办法，但要适时适量才有利于鱼、虾的健康生长。当水质优良透明度适宜时，可暂不换水或少量换水。在透明度很低时，或养殖动物患病时，则应多换水、勤换水。

3. 放养健壮的种苗和适宜的密度　放养的种苗应体色正常，健壮活泼。必要时应先用显微镜检查，种苗上不带有病原。应根据池塘条件、水质和饵料状况、饲养管理技术水平等决定适当密度，切勿过密。

4. 饵料应质优量适　质优是指饵料及其原料绝对不能发霉变质，饵料的营养成分要全，特别不能缺乏必须维生素和矿物质，应是对环境污染少的环保饲料。量适是指每天的投饵量要适宜，每天的投喂量要分多次投喂。每次投喂前要检查前次投喂的吃食情况，以便调整投饵量。

5. 改善生态环境　人为改善池塘中的生物群落，使之有利于水质的净化，增强养殖动物的抗病能力，抑制病原生物的生长繁殖。如在养殖水体中使用水质改良剂益生菌、光和细菌等。

6. 操作要细心　在对养殖动物捕捞、搬运及日常饲养管理过程中应细心操作，不使动物受伤，因为受伤的个体最容易感染细菌。

7. 经常进行检查　在动物的饲养过程中，应每天至少到池塘上去检查 1～2 次，以便及时发现可能引起疾病的各种不良环境，尽量采取改进措施，防患于未然。

8. 在日常管理工作中要采取措施，防止病原传播　对生病的和带有病原的动物要进行隔离，在生病的池塘中用过的工具应当用浓度较大的漂白粉、硫酸铜或高锰酸钾等溶液消毒，或在强烈的阳光下晒干，然后才能用于其他池塘。有条件的也可以在生病池塘中设专用工具；病死应及时捞出并深埋他处或销毁，切勿丢弃在池塘岸边或水源附近，以免被鸟兽或雨水带入养殖水体中；已发现有疾病的动物在治愈以前不应向外转移。

9. 药物预防　鱼种在放养前，最好先用适当的药物将体表携带的病原杀灭，然后放养。一般的方法是在 8 毫克 / 升的硫酸铜或 10 毫克 / 升的漂白粉或 20 毫克 / 升的高锰酸钾等溶液内浸洗 15～30 分钟，然后放养。

## 三、常见病害的诊断与治疗

1. 水霉病

(1) 症状。当鱼体受伤后，水霉动孢子入侵鱼体表，吸取鱼皮肤内的营养而萌发。并迅速生长，菌丝的一端像树根一样吸附在鱼的皮肤组织内。其余大部分露在体表外面。水霉菌丝呈白色或灰白色棉絮状在水中飘动，肉眼可见。鱼体寄生水霉菌后. 会表现出烦躁不安，由于菌丝吸取鱼表皮内的组织营养，加之细菌感染伤口，使表皮组织坏死，鱼类因瘦弱逐渐死亡。该病是由真菌寄生鱼体表引起。主要是真菌门藻状菌纲水霉目水霉科的水霉属和绵霉属。水霉病一年四季都可以发生，以早春晚冬最为流行。

⑵ 防治方法。①用生石灰彻底清塘，可减少此病的发生。②在捕捞、搬运和放养过程中要尽量仔细，勿使鱼体受伤，同时注意合理的放养密度。③用水霉净全池遍洒，每天一次，连用 2 天。

2. 斜管虫病

⑴ 症状。病鱼体表和鳃分泌大量黏液形成淡灰色薄膜，使鱼呼吸困难而死亡。

⑵ 治疗方法。放养鱼种时用 4% 食盐水或 2.5% 高锰酸钾溶液浸洗鱼体。泼洒硫酸铜和硫酸亚铁溶液，用量与防治口丝虫病相同。

3. 小瓜虫病

⑴ 症状。病灶处有许多小白点，严重时皮肤上覆盖一层白色薄膜。病鱼游动缓慢。漂浮于水面，有时群集游动，鱼身不断与其他物体摩擦. 不久成批死亡。

⑵ 治疗方法。每亩水面用鲜辣椒 250 克、生姜 100 克煎水全池泼洒。

4. 细菌性烂鳃

⑴ 症状。病原为丝状细菌。细菌附生在病鱼鳃上并大量繁殖，阻塞鳃部的血液流通，妨碍呼吸。严重的鳃丝发黑、霉烂，引起病鱼死亡。

⑵ 治疗方法。经常清除鱼池中的残饵、污物，注入新水。保持良好的水体环境，保持养殖环境的卫生安全，保持水体中溶氧在 4 毫克 / 升以上。避免水质被污染。用 2 毫克 / 升的漂白粉全池泼洒，可以起到较好的治疗效果。

# 第三章 河蟹池塘生态健康养殖技术

## 第一节 概 况

### 一、分类与分布

河蟹属高等甲壳动物，又称螃蟹、毛蟹、大闸蟹、清水蟹等，学名中华绒螯蟹（*Eriocheir sinensis* Milne-Edwards）。隶属于节肢动物门、甲壳纲、十足目、爬行亚目、短尾族、方蟹科、弓腿亚科、绒螯蟹属。为我国著名淡水蟹，分布较广（辽河水系的辽蟹，瓯江水系的瓯蟹，长江水系的长江蟹），适应性强，易养殖。

### 二、养殖现状与前景

河蟹肉味鲜美，营养价值高，是深受人民群众欢迎的特种名贵水产品。我国河蟹池塘养殖从 20 世纪 90 年代开始起步，至今可划分为三个阶段。一是初级阶段。为“大养蟹”阶段，历经十年（1991~2000 年）；二是中级阶段（2001~2005 年）。各养蟹主产区由“大养蟹”转为“养大蟹”，河蟹规格明显增大。三是高级阶段（2006 年以后）。养蟹主产区通过生物修复技术，改善养殖水环境，改良饲料及投喂方式，从“大养蟹、养大蟹”转为“养优质蟹”。

我国的河蟹养殖产业经过 20 余年的发展，具有以下特点：一是河蟹产量明显上升，由 20 世纪 90 年代初的 10 多万吨，到2008

年我国河蟹产量达52万吨以上，总产值达300亿元左右。二是河蟹养殖业的发展带动了与之相关的旅游渔业、休闲渔业的发展，河蟹养殖产业与河蟹第三产业已成为农村脱贫致富的一个重要途径。三是已建立起一整套河蟹养殖技术体系。四是河蟹生态养殖新技术初见成效。其技术核心就是通过水环境的生物修复，大力发展生态养殖，着力推进河蟹养殖由大养蟹向养大蟹、养优质蟹方向转变，实现经济增长、环境保护、社会协调同步发展。

## 第二节　生物学特性

### 一、形态特征

河蟹的成蟹背面一般呈墨绿色，腹面灰白色。五对胸足伸展于头胸部的两侧，左右对称。头胸部是身体的主要部分，背面覆盖着一层坚硬的背甲，表面起伏不平。背甲前缘正中为额部，有4个齿突，左右前侧缘各有4个锐齿。背甲后侧缘斜向内侧，后缘与腹部交界，比较平直。在额部的两侧，有一对有柄的复眼，着生于眼眶中。胸足是胸部的附肢，共5对，第一对为螯足，螯足强大，成钳状，掌部密生绒毛，雄性尤甚，其余4对为步足，是行动器。头胸部的腹面为腹甲所包被，通常呈灰白色，周缘生有绒毛，生殖孔就开在腹甲上。腹甲前端正中部分为口器，口器由一对大颚、两对小颚和三对颚足自里向外层叠而成。河蟹的腹部，俗称蟹脐，共分7节，弯向前方，紧贴在头胸部腹面，肛门即位于蟹脐内侧顶端。腹部的形状，在幼蟹阶段均为狭长形。在成长过程中，雌性渐成圆形，雄性则仍为狭长三角形，俗称团脐、尖脐，是区别雌雄性别最显著的特征。

## 二、生态习性

1. 栖息　河蟹的生活周期分为七个阶段。从发育生物学角度，河蟹分为五个发育阶段，即胚胎、蚤状幼体、大眼幼体、幼蟹和成蟹。随着发育期的不同，其习性也各有差异。进入大眼体后（俗称蟹苗），由原来浮游活动过渡到既能游泳、又能爬行和登陆离开水环境，并逐渐由海水环境向淡水环境洄游，由游泳生活向底栖或穴居生活转变。在野生状态下，从幼蟹直到成蟹喜穴居和隐藏生活，喜欢栖息在江河、湖泊的泥岸或滩涂的洞穴中，或隐匿在石砾和草丛中。

2. 食性　河蟹为杂食性，偏爱动物性食物，如鱼、虾、螺、蚌、水生昆虫等，对动物腐尸尤感兴趣。河蟹获得植物性食物比动物性食物更容易。因此，天然水域中蟹胃中的食物主要为植物性，多为水生维管束植物或周丛植物。河蟹的第一对触角上具嗅感觉毛，可辨别食物。捕食时主要靠螯足将食物送入口中，由大颚咬碎，通过短的食道进入胃。

河蟹是一种昼伏夜出的动物，一般白天藏匿洞中、石砾缝隙中或水草丛中，夜间出来觅食。在陆地上，河蟹很少摄食，而往往将食物拖至水下或洞边摄食。河蟹较贪食，在食物丰盛的夏季，1 只蟹可连续捕食数只螺类。河蟹饱食后即回隐蔽处。

河蟹摄取的营养除本身消耗外，多余的营养便贮藏在肝脏中形成蟹黄。河蟹具有抢食和好斗的习性，在人工饲养条件下，为避免和减少河蟹争食，饵料要多点投放，均匀投喂，动植物性饵料要合理搭配，确保吃好、吃饱，促进均衡生长。

河蟹消化力很强，忍饥能力也是很强的，在缺乏食物的条件下，它可以一个月不进食也不致饿死。在食物充足的情况下，贮藏于肝脏中的蟹黄，可能是它不致饿死的原因所在。当水温下降到 10℃时，少食或不食，躲入洞穴、石砾缝隙中或水草丛中越冬。

3. 生长　河蟹的一生均伴随着脱皮或脱壳，从卵粒孵出蟹苗，为蚤状幼体，经 5 次脱皮后变成大眼幼体（可上市的蟹苗）。大眼幼体脱皮 1 次成仔蟹。仔蟹约经 10 ~ 12 次脱壳，成为成蟹。河蟹每蜕一次壳，身体增大约 20%，体重增加约 1 倍。

4. 繁殖　在自然界，河蟹是一种咸水里生，淡水中长的洄游性水生动物，每到秋末冬初，达到性成熟的河蟹便进行生殖洄游，一般白天隐于水边洞穴之中，夜间则成群结队朝一个方向即入海口爬行。河蟹为雌雄异体，它们结伴而行，直至入海口，在入海口的咸淡水交界处交配、产卵。交配后的雄蟹随即死亡，雌蟹不久便有卵产出。其产出的卵粒黏附在腹部的附肢上，称为抱卵蟹。河蟹的繁殖力强，一般每只雌蟹抱卵数万粒至四五十万粒，这也是保存其种族延续的一种适应结果。

河蟹大多为二龄性成熟。在入海口半咸水交配产卵孵出幼体。河蟹幼体发育期分为蚤状幼体、大眼幼体两个阶段。大眼幼体经过淡化过程，已能适应淡水生活，此时即可放入扣蟹培育池中养殖。

河蟹的寿命短，只能活 2 ~ 3 年。一生只生殖 1 次，生殖过后即死亡。

# 第三节 池塘养殖技术

## 一、蟹种培育

蟹种培育就是将当年繁育的大眼幼体通过 5 ~ 6 个月的培育，养成大规格蟹种的过程。

### (一) 培育池准备

1. 池塘条件　蟹种培育池应建于水源充足、水质优良、环境安静、周边无“三废”污染的地方。池塘面积一般为 3 ~ 6 亩，最高水位 1.2 米，池塘坡比为 1 : 3。池中应有 30%左右浅水区，浅水区水位在 30 ~ 50 厘米。池底以硬质底为好，底部淤泥控制在 20 厘米以内。

进排水系统要分开，一边进水，相对的一边排水。进水口用 40 目筛绢设置拦鱼栅，防止敌害生物进入，排水口用 20 目网片包好，防止幼蟹逃逸。

水体溶氧量应保持在 4 毫克 / 升以上，pH 值在 7.2 ~ 8.7 之间，氨氮含量控制在 0.3 毫克 / 升以下，透明度在 30 厘米以上。

2. 清塘消毒　在蟹苗下池前 2 个月，池塘进水平均水深 40 厘米（浅水区应全部覆盖），然后使用清塘药物全池消毒，杀灭水体中野杂鱼类和其他敌害生物，消毒药物不得使用违禁药品。

3. 水草培育　待池塘水体中消毒药物毒性消失后即可种植水草，水草种植方法：在浅水区种植沉水植物如伊乐藻、轮叶黑藻等；深水区种植浮水植物如水花生、空心菜等。浮水植物覆盖面积控制在水面面积30%以内，并用竹竿固定。如果池水清瘦，水草生长缓慢，可适当使用磷肥、生物有机肥或叶面肥，促进水草的生长。

4. 防逃设施　在池塘四周用钙塑板、铝箔、塑料膜等表面光滑的材料建防逃设施。防逃墙上端高出地面30厘米以上，下端埋入土中15～20厘米，靠池塘外侧用木棍或竹竿固定。

**（二）大眼幼体放养**

1. 苗种质量　选择优质的长江水系天然蟹苗或人工蟹苗。人工繁育的蟹苗淡化时间必须达到五天以上，培育水体的盐度为千分之三以下。要求：个体大，14～16万只/千克，黄褐色、有光泽，在水中游泳能力强，外观附肢齐全、无病灶，用手抓一把甩干水手指松开后能迅速散开。

2. 放养前的准备

⑴ 培养活饵料：在蟹苗下塘前7天，每亩使用生物有机肥15～20千克，或者放苗前3天，每亩使用碳酸氢铵和过磷酸钙各25～30千克，培养浮游生物作为活饵料。

⑵ 放苗前消毒：蟹苗放养前一天，使用0.5毫克/升一元二氧化氯或0.3毫克/升聚维酮碘全池遍洒，杀灭池中病原。

3. 蟹苗运输　蟹苗装箱前，蟹苗箱先放入水中浸泡透，并在箱底放少许水草。蟹苗放入时不宜过干或过湿，以甩干后蟹苗之间不粘连成团为准。长途运输时要用保湿效果较好并透气的材料将蟹苗箱包裹起来，中途适量喷水，保持一定的湿度。运输途中温差不能大于3℃，必要时可用空调车运输。

4. 蟹苗放养

⑴ 放养时间。蟹苗放养时间为5月初至6月上旬，水温应稳定在18℃以上，放养时温差控制在3℃以内。

⑵ 放养密度。人工蟹苗为0.5～0.6千克/亩，天然蟹苗为0.4～0.5千克/亩。

⑶ 放养方法。先将蟹苗箱在池水中浸二、三次，每次浸3分钟。经过15～20分钟缓苗，使蟹苗适应池内水温后，再放入池中。

**（三）日常管理**

一是加强水质管理，保持水质“肥活嫩爽”；二是科学投喂，促进生长；三是坚持早晚巡塘，掌握河蟹生长状况；四是做好生产记录，建立生产档案。（详见第四节）

**（四）蟹种捕捞**

1. 起捕时间　蟹种的起捕一般为11月中下旬至翌年的4月，水温在15℃以下的晴好天气。雨雪冰冻期间不宜起捕，防止发生冻害。

2. 起捕方法

⑴ 地笼捕捞。当水温在8～15℃时，在蟹种池内放置地笼，每天起笼2～3次。

⑵ 网具捕捞。一般使用网箱，由3～4人协同操作，将池中漂浮的水草兜入网箱中，轻轻抖动水草，将蟹种抖入箱中，然后将水草放回池塘即可，可反复操作。

⑶ 干塘冲水起捕。将蟹种池内的水放干，手工捕捉，然后注水，在温差的刺激下，蟹种纷纷爬到池边即可捕捉。过一、二天再放干水捕捉，重复三、四次。

## 二、成蟹养殖

成蟹养殖就是将上年培育的扣蟹或当年早繁的豆蟹通过一年的养殖，养成商品蟹的过程。

### （一）池塘条件

1. 水源　养蟹池塘要求水源水量充足、水质优良无任何污染，水质符合无公害养殖水质标准的要求。养殖区域周围没有潜在的可能引起消费者健康损害的化学或生物废弃物，也没有农用、民用和工业用水的排污口。

2. 面积　池塘面积不宜过大或过小，一般以 10～50 亩为宜，最佳面积为 20～30 亩，以利于保持养殖水环境的相对稳定。

3. 水深　蟹池平均水深 1～1.2 米即可，池周应有蟹沟，沟宽 3～4 米，深 0.5～0.7 米。在高温季节，蟹沟水深可达到 1.5 米以上。

4. 水质与土质　池水 pH 值控制在 7.5～8.5 之间，溶氧量在 5 毫克 / 升以上，水体透明度 40 厘米左右。蟹池土质以黏土为好，黏壤土次之。蟹池底泥厚度控制在 10～20 厘米。

### （二）池塘养殖模式

1. 当年豆蟹养成商品蟹　将当年早繁蟹苗通过保温大棚培育成豆蟹，于 3 月份将豆蟹放入成蟹养殖池中，当年养成商品蟹的养殖模式。这种模式放种量大，养殖产量较高，商品蟹规格小，养殖效益不高，但风险相应较低。

2. 隔年蟹种养成商品蟹　将上年培育的大规格蟹种，于 2 月份放入成蟹养殖池中，通过一年的养殖获得商品蟹的养殖模式。这种模式放种量小，养殖产量一般，商品蟹规格大，养殖效益高，但风险相应较高。

### （三）放养前准备

1. 清池消毒

（1）池塘清整。新建池塘可直接进水消毒。已经养殖过的河蟹池塘，一般在 11 月底即可干池，干池后将垮塌的池埂修整好，清理蟹沟及池底淤积的淤泥，修理好进排水设施及防逃设施,然后晒池 15 ~ 20 天。

（2）进水消毒。晒好池第一次进水时，将水加至沟满且泥面水深 3 ~ 5 厘米，并检查池埂是否漏水。然后进行池塘消毒，消毒的主要目的是杀灭池中的螯虾、野杂鱼类及其他敌害生物和各类病原。清塘消毒所用药物及方法与鱼池清塘消毒相同，在此应注意不得使用禁用药物。消毒后第三天即可安装暂养围栏和种植水草，水草种植后即可将水深加到 30 ~ 40 厘米（指泥面平均水深），防止水草冻死和水老鼠咬破围栏网片。

2. 水草种植和螺蛳投放

(1) 重视种植水草。俗话说“蟹大小，看水草”。水草既是河蟹可口的饲料，又是河蟹在水中栖息、蜕壳的隐蔽场所，水草还有增加溶氧、调节水质、降低水温、吸附水和土壤中的肥分等作用，有利于改良水质。蟹池中的水草要沉水、挺水、漂浮植物都有，沉水性水草以伊乐藻、苦草、轮叶黑藻和菹草为好；挺水性水生植物有芦苇、茭草等；漂浮性水生植物有水花生、水蕹菜、浮萍等。这些水草在蟹苗放养前，通过播种、移栽、移植等方法种好、种足。饲养期间，如部分水草或嫩茎被蟹吃掉，要及时补充，保持池底有 60%的水草覆盖率。水面挺水植物和浮水植物不宜多，应控制在水面面积的 15%以内，以免影响底层水草的光合作用。另外在种植水草（指伊乐藻）时要注意暂养围栏内的株行距为 30 ~ 40 厘米，围栏外的株距为 1 ~ 1.5 米，行距 3 ~ 5 米。为了保证水草的快速生长，在水草稳根返青后，可适当投施磷肥，一般为每亩水面 8 ~ 10 千克，池塘底泥清瘦的可间隔一周再用一次。

(2) 重视利用螺蛳。河蟹对贝类特别是螺蛳尤为喜食。因螺蚌类营养丰富，还含有较多的河蟹发育所需的钙、磷等物质。螺蛳不仅是河蟹的优良天然饵料，而且是蟹池中出色的“清洁工”，有助于改良底质，提高水体的自净能力。螺蛳的利用有两种方法：一是春季将鲜活螺蛳直接投入养蟹水域中，清塘后一次性每亩投放活螺蛳 200～400 千克，螺蛳要求空壳少、体质健壮，这样就能更好的繁殖小螺蛳。螺蛳的投放要求在清明节前完成，投放时均匀撒入池中，让其摄食水中浮游生物和繁殖幼螺。幼螺供小规格蟹摄食，大螺供河蟹长大后觅食。还应根据河蟹的摄食情况，不定期补充螺蛳，始终保持活螺在蟹池中有一定的密度；二是在养殖中后期用轧碎的螺肉拌入其他植物性饲料喂蟹。

3. 防逃设施安装　防逃防盗设施采用双层结构，内层用钙塑板围栏防逃墙，墙高 60 厘米，埋入土面下 15 厘米，靠防逃墙外侧用木桩或短竹竿固定。建防逃墙时应注意在池角处需建成圆弧形；外层防盗网用目大 3～5 厘米的聚乙烯网片建成，防盗网高 1.8～2.0 米，用竹竿固定，靠近管理间留有进出小门。防逃设施亦可在蟹种进池暂养后安装。

## （四）苗种放养

1. 蟹种放养

(1) 蟹种质量要求。蟹种品种是否纯正及质量优劣是河蟹养殖能否成功的最主要因素。因此，要保证商品蟹的品质，蟹种质量要达到以下几点要求：

一是品种要纯。要求亲蟹是大规格纯种长江中华绒螯蟹（附三大水系扣蟹的特征及其区别），其所繁育的苗种才能保证生长速度快，养成规格大。

表 6　不同水系蟹种的区别

| | 长江 | 辽河 | 瓯江 |
|---|---|---|---|
| 体型 | 椭圆形 | 不规则椭圆形 | 近似正方形 |
| 额齿 | 4 个额齿尖锐，当中一缺刻最深 | 不及长江蟹尖锐 | 4 个额齿,两边尖锐，中间钝圆 |
| 侧齿 | 4 个侧齿尖锐，第 4 侧齿小而尖锐，清楚可见 | 3 个侧齿尖锐，第 4 侧齿不明显 | 4 个侧齿可见但不明显 |
| 步足 | 第 4 步足前节较长而窄，刚毛较密,蟹种爬行时，第 4 步足前节拖地行走 | 步足偏短 | 第 4 步足前节较短而宽，刚毛稀少 |
| 背部疣状突 | 6 个均明显 | 下方两个不明显 | |
| 四侧齿对径与第三步足长之比 | 1∶2∶0 | 1∶1∶8 | 1∶1.6～1.7 |
| 体色 | 背甲灰黄色，白肚 | 背甲灰黄带褐色花斑，腹部灰黄色 | 体色难看，螯足与步足黑色，腹部夹铜锈色 |
| 煮熟后体色 | 鲜红 | 暗红 | 桂红 |

二是蟹种规格要适宜。培育大规格商品蟹，扣蟹规格必须达到 120～160 只 / 千克。

三是蟹种体质要好。群体规格整齐，个体色泽鲜艳，侧齿、额齿、疣突明显，步足细长，指节尖长，附肢齐全、体表无病灶，反应敏捷，附肢活动十分频繁，无小规格早熟个体。

(2) 放养时间。可根据养殖准备情况及生产模式灵活掌握，投放时间一般控制在农历春节前后。选择晴朗天气放种，放种时气温在8℃左右。

(3) 扣蟹放养密度及放养方法。扣蟹投放密度应根据饲养技术水平、饲料丰歉、资金实力、蟹种质量等各方面因素综合考虑，一般每亩投放规格120～160只/千克的扣蟹700～900只。放养的扣蟹最好是当地培育的，如果是从外地购买蟹种，经过长途运输或离水时间较长，鳃丝出现萎缩，在到达放养的池塘后，应先将装有蟹种的箱子放入水中浸泡2～3分钟，再放在岸边5分钟左右，如此反复2～3次，待蟹种慢慢吸足水，然后放入3%～5%的食盐水中浸泡10～15分钟，将消好毒的蟹种放在船头大木板上，让健康的蟹种自行爬入暂养池中，不健康、体质差的蟹种或死蟹不要放入池中。

蟹种购回后先暂养后放养。“暂养”是河蟹养殖的重要阶段。蟹种经过暂养后放养,可大大提高下塘成活率，同时有利于池中水草和螺蛳的生长繁衍。暂养的方法是：选择蟹池中水位较深且平坦处，用聚乙烯网布围栏蟹池面积的1/10～1/5。围栏网布的上沿靠内侧缝上宽约20厘米的厚塑料膜防逃。暂养时间的长短,要视水温、池中水草生长及蟹种生长情况而定，一般暂养至3月底、4月初扣蟹刚开始脱壳时撤掉围栏，进入大池养殖。也可在大池一端或一角围建面积为大池面积20%的小池进行暂养，大池种草，待蟹种蜕第一次壳后10～15天再放入大池中养殖。脱过一次壳的蟹种，每亩蟹池放养密度为500～600只。

2. 套养品种放养　河蟹养殖由于其单产较低的特点，仅靠提高品质来提高养殖效益毕竟有限，我们可以充分利用蟹池资源，增加不影响河蟹摄食生长的套养品种的产量来提高整体效益。

3. 套养模式

（1）蟹池套养青虾模式：蟹池套养青虾既可摄食池底残饵及有机质，减少池底污染，青虾本身也是河蟹的优质天然饵料。一般在 5 月份亩放抱卵虾 0.5 ~ 1 千克，或于 7 月初每亩投放 1 ~ 1.5 厘米青虾苗 4 万尾，考虑到生产成本，以投放抱卵虾效果较好。在不增加投饵的情况下，到年底每亩可收优质商品虾 10 ~ 15 千克，亩增效益 300 ~ 400 元。

（2）蟹池套养黄颡鱼模式：黄颡鱼为杂食性鱼类，可摄食河蟹池残饵、小杂鱼等。起到优化水质、减少与河蟹争食的小杂鱼类，提高饲料效率的作用。黄颡鱼苗种有两种规格，一种是春片鱼种，规格为 100 ~ 120 尾 / 千克，一种是当年夏花，规格为 3 ~ 5 厘米。春片鱼种于 3 月份投放，亩放 100 ~ 150 尾；当年夏花于 5 月底至 6 月初投放，亩放 300 尾。年底一般可收黄颡鱼商品鱼 15 千克左右，亩增收 200 ~ 250 元。

（3）蟹池套养鳜鱼模式：鳜鱼为肉食性鱼类，对水质环境要求与河蟹相似。蟹池中套养的鳜鱼主要摄食池中的小杂鱼虾，减少生物耗氧和提高饲料效率，同时将池中的低值鱼类转化为高档鱼，达到增收的目的。鳜鱼苗种投放时间为 6 月上旬，鱼苗规格为 5 厘米以上，亩放 25 ~ 40 尾（具体投放密度应根据池中饵料鱼多少而定），年底一般可产商品鳜鱼 6 ~ 10 千克，亩增效益 200 ~ 360 元。

以上三种模式为蟹池增效主要模式，这三种模式既可单独使用，也可将青虾与黄颡鱼或青虾与鳜鱼同时套养，效益将更好。无论何种模式蟹池中必须投放适量的花白鲢。

### （四）日常管理

主要是水质调节、饵料投喂、生产记录等。（详见第四节）

### （五）成蟹起捕

1. 捕捞时间　可利用池塘养殖优势，尽量推迟上市时间，错开大湖蟹上市高峰，争取获得较好的销售价格。

2. 捕捞方法　晚上徒手捕捉，地笼捕捉，干池捕捉。

3. 暂养　头天晚上捕捞上来的商品蟹，放入暂养箱中暂养，洗净体表污物，排出鳃上污泥，提高商品品质。

4. 销售　可根据实际情况，进行统装销售或分级、分公母销售。

## 第四节 饲养管理

### 一、水质调控

生态养蟹对水环境的质量要求非常高，必须科学地调节水质。

### （一）水质主要指标

要求：透明度前期为 30 ~ 35 厘米、高温期 35 ~ 40 厘米、后期 45 厘米；溶解氧在 5 毫克 / 升以上，pH 值 7.5 ~ 8.5，氨氮浓度 0.2 ~ 0.5 毫克 / 升,亚硝酸盐浓度小于 0.1 毫克 / 升。以上水质指标在生产中可通过采用水质测试盒等手段进行检测,从而采取一些措施(主要是模拟自然生态环境)对水环境进行必要的、有益的、及时的调控。

### （二）几种主要水质指标的调控

1. 亚硝酸盐　一是开动增氧机增氧或全池泼洒化学增氧剂，使池水有充足的溶氧，以促进亚硝酸盐向硝酸盐的转化，从而降低水体中亚硝酸盐的含量。二是使用氨离子螯合剂、活性炭、吸附剂、腐殖酸聚合物等配合成的水质吸附剂如亚硝酸盐降解剂，通过离子交换作用，吸附或降解亚硝酸盐。三是使用芽孢杆菌、光合细菌、硝化细菌、放线菌等微生物制剂，通过微生物分解亚硝酸盐。

2. 氨氮　一是使用氧化剂如二氧化氯全池泼洒。二是泼洒沸石或活性炭，一般每亩分别用沸石 15 ~ 20 千克和活性炭 2 ~ 3 千克，可吸附部分氨氮。三是培植、种植水生植物，以吸附氨氮等有毒物质。

3. 硫化氢　一是提高水中含氧量。二是每亩泼洒 300 毫升 ~ 500 毫升双氧水及放入一定量的铁屑。

4. pH 值　处理 pH 值偏低：一是用生石灰调节，每次每亩用 10 ~ 15 千克。二是少量多次用氢氧化钠调节，先调配成 1/100 原液，再用 1 000 倍水冲稀泼洒。三是加速培植浮游植物，促使藻类繁殖茂盛。处理 pH 值偏高：一是注入新水。二是施用明矾，每亩可用 0.5 ~ 1 千克加以控制。三是用盐酸调节，一般每亩用 300 ~ 500 毫升，充分稀释后全池泼洒。

### （三）池塘水位调控

2 月底 3 月初蟹种放养初期，平均水深控制在 0.5 米，5~7 月份水深在 0.8 ~ 1.0 米，8~10 月份水深掌握在 1.0 ~ 1.5 米之间。开春后随水温的上升，可逐步加水，每次增加 5 厘米水深；夏季高温季节，每周换水 1 次，每次加深 5 厘米。换水时要边排边灌，换水温差不要超过 ± 5℃；进入秋季，每半月换水一次，每次换水 1/5 ~ 1/4；当河蟹进入成熟期大量河蟹上岸时，应加大换水次数，可每隔2天冲水一次，每次冲水2小时左右，冲水时边加边排。

### （四）增氧设施应用

河蟹池塘由于投喂大量动物性饲料，加上水草密集，水质、底质极易败坏，导致河蟹缺氧，轻则导致饵料系数上升，影响河蟹生长，河蟹抵抗力下降，诱发疾病，增加养殖成本；重则导致河蟹泛塘，造成重大损失。虽然河蟹池塘水体承载量较小，但不能忽视增氧，由于蟹池水深较小，一般适宜使用微孔管底层增产设施进行增氧。

## 二、投饲管理

### （一）蟹种培育投饲管理

从大眼幼体到一期仔蟹以塘内培养的生物饵料为主，辅以鸡蛋羹、鱼糜浆、黄豆浆、蚯蚓浆等饲料，所投饲料用40目筛绢过滤后全池泼洒。在一期仔蟹之前，投喂方法应坚持少量多次，每天投饲量为体重的100%～200%。二期仔蟹以后，投喂次数减到每天两次，每天投饲量为体重的10%～15%，上午投喂量占30%，下午占70%，并应根据摄食情况及天气变化及时调整投饲量。

大眼幼体经过20～30天的培育，进入三期仔蟹以后，逐步改用植物性饲料投喂为主，如麸皮、细绿萍、米糠或切碎的南瓜、西瓜皮、鲜嫩牧草等，也可用幼蟹颗粒饲料。投饲量根据摄食情况而定，每天傍晚投饲一次。

后期养殖幼蟹应投喂适量小麦，一般从八月下旬开始，投喂量为体重的5%～10%。九月中旬后可适当减少植物性饲料，投喂适量动物性饲料。当水温下降至15℃以下后，投饲量逐步减少，冬季天气好的情况下，白天应少量投喂幼蟹颗粒饲料。

蟹种饲料的投喂均为全池遍洒。

### （二）成蟹养殖投饲管理

1. 保证饵料多样性　河蟹食性杂，偏动物性饵料，且生性贪食，在饵料投喂上，既要满足河蟹营养需求，加快脱壳生长，又要降低养殖成本，提高养殖效益。河蟹常用的动物性饲料有：小杂鱼、虾、螺、蚌、蚯蚓等。植物性饵料有：麦类、豆饼、瓜果、蔬菜、水草等。因此，可因地制宜，多种渠道开辟饵料来源。除做好水草种植、投放足够的活螺蛳外，还应积极推广颗粒饲料养蟹。根据河蟹不同发育阶段对营养的需求，选用不同阶段的颗粒全价饲料。颗粒全价饲料具有营养全面，适口性好，蛋白质含量高，在水中稳定时间长，利用率高等优点。用颗粒饲料养蟹，能减轻水质污染，减少蟹病的发生，降低饵料系数，促进河蟹快速脱壳生长。尤其是秋季投喂颗粒饲料，可促使河蟹快速育肥，增重效果特别明显。

2. 科学投饲

(1) 动植物性饲料要合理搭配。河蟹食性杂，在饲料组合上，全年饲料投喂，动物性饲料占60%，植物性饲料占40%。

(2) 根据季节投饲。河蟹生长季节饲料的投喂，总的原则是“两头精、中间青”，即春秋季节的投饲，以动物性饲料为主，植物性饲料为辅；夏季高温期以植物性饲料为主。

(3) 根据河蟹摄食习性投饲。河蟹有昼伏夜出的生活习性，饲料投喂应以傍晚投饲为主，白天一般不投饲。

(4) 饲料要适口。饲料个体的大小要与河蟹规格相适宜，个体大的要切成小条块状，螺、蚬要压碎，植物性的饲料要做成团块状，以提高饲料利用率。

(5) 在浅水区投饲。饲料应投放在没有水草或水草稀少的浅水区，食场要均匀、固定，并坚持四看四定的投饲原则。

(6) 改生食为熟食投喂。投喂的各种原粮要充分浸泡、煮熟，进行投喂，有利于河蟹消化吸收。

(7) 科学投喂成熟蟹。一是改傍晚投饲为第二天上午投饲。成熟蟹开始生殖洄游，晚上上岸爬行，体力消耗过大，易造成成熟蟹营养不足，膏黄不丰满，因此要适当投饲，一般以颗粒饲料或煮熟的玉米为主。二是防营养过剩死亡。特别是成熟的雌蟹，肝脏 85%以上转化为性腺，肝功能下降。若大量投喂动物性饲料，一方面肝功能不能适应高蛋白的营养储存，另一方面促使雌雄蟹提前在淡水里交配，引起死亡。

3. 投饲量 前期（3~6 月），饵料要精（饵料鱼 + 精饲料），投饵量为体重的 1%～4%。控制蜕壳 3 次。

中期（7~8 月），饵料要粗（青饲料 + 动物性饲料），投饵量为体重的 5%左右。控制蜕壳 1 次。

后期（8 月下旬以后），以动物性饵料为主（不低于投饵量的 60%），颗粒饲料为辅，投饵量为体重的 5%～8%。要求蜕壳 1 次。

投饲量的确定应根据池塘的水质情况、天气情况、河蟹的脱壳情况、是否发病等综合考虑，以两小时内吃完为原则,尽量减少残饵污染池塘水质和底质。

## 第五节 病害防治

### 一、病因

引起河蟹发病的原因错综复杂，但主要还是养殖上四个方面关键因素：

(1) 蟹种消毒不严，未经检疫带进病原。

(2) 水草少、换水少、水质底质恶化导致病原生物大量繁殖。

(3) 食用霉变的饲料或腐烂的小杂鱼等引发疾病。

(4) 日常管理粗，蟹塘清洁卫生工作差，未及时进行药物防控。

因以上原因导致河蟹体质下降，免疫力差，从而感染各种各样的寄生虫病、纤毛虫病、细菌性疾病，甚至病毒性疾病，造成河蟹死亡。另外，由于周边农田农药水、生活污水、工业废水污染水源，导致河蟹中毒。

## 二、预防措施

河蟹的病害防控必须坚持从养殖管理入手，生产上坚持两个原则：一是以生态防病为主，低毒药物使用为辅的原则；二是以药物预防为主，治疗为辅的原则。

### （一）调控水质

生态养蟹对水环境的质量要求非常高，必须科学地调理水质。（见第四节）

### （二）药物预防

1. 水体消毒剂使用

(1) 水体消毒剂作用：主要是杀灭水体中的病原，减少河蟹感染疾病的机率；其次是加快水体中有机质的分解，防止水质、底质恶化。

(2) 常用的水体消毒剂种类：河蟹池塘常用的消毒剂有二氧化氯、聚维酮碘、生石灰等。

(3) 水体消毒剂使用方法：一是按规定剂量全池遍洒；二是食场泼洒消毒；三是生产工具浸泡消毒。

2. 药饵及保健制剂的使用　将内服药物或保健制品拌饵料投喂，杀灭体内病原，治疗疾病或增强河蟹抗病能力。使用方法：称取一餐用的颗粒饲料摊放于光滑的垫层上，将内服药物或保健制品用水溶解后均匀泼洒在颗粒饲料上，最好能添加一些黏合剂，然后拌和均匀，晾干后即可使用。药饵必须现配现用，否则可能失效。

## 三、常见病害的诊断与治疗

1. 肠炎病

(1) 病原。主要由于饲料腐败变质或蟹池水质恶化导致细菌感染引起。

(2) 症状。病蟹体表清白，打开腹盖，轻压肛门，可见黄色黏液流出。病蟹消化不良，胃肠发炎、无食，有较多的淡红色黏液。病蟹不吃食，若不及时治疗，不仅影响其生长，还会引起死亡。

(3) 流行。幼蟹至成蟹的各个阶段都可能感染此疾病。

(4) 防治方法。①投喂新鲜无霉变的饲料，饲料应投放在浅水滩处，隔日清除残饵，保持池水清新。②在饲料中拌入0.3%的鱼虾康，每天1次，连续投喂3天，隔半个月重复一次，可有效地预防该病的发生。如果已经发病，在饲料中拌入1%的鱼虾康，每天1次，连续投喂3天。③每千克饲料加大蒜籽100克（大蒜子捣烂，不要煮），每天1次，连喂3天。

2. 细菌性黄鳃黑鳃病

(1) 病原。球菌。水质条件恶化，放养密度大，加之饲养过程中过量投饵，造成食场四周和池塘边浅水区残渣剩饵过多并变质腐烂。水体交换量不够，致使有害细菌大量繁殖，导致河蟹鳃部感染。此病多发生在 9、10 月份，流行快，地区广，个体大的河蟹最易感染和死亡，危害极大。

(2) 症状。鳃部受感染变色，轻时左右鳃丝部分呈现黄色、暗灰或黑点，严重时鳃丝全部变成黑色，病蟹行动迟缓，白天爬出水面匍匐不动，呼吸困难，俗称 " 叹气病 "。轻者有逃避能力，重者几日或数小时内死亡。该病多发生在养殖中后期，尤以规格大的河蟹易发生，该病危害极大。

(3) 流行。幼蟹至成蟹的各个阶段都可能染此疾病。

(4) 预防方法。①注意改善水质，及时更换新水。②定期清除食场残饵，用聚维酮碘进行食场消毒。③每 15 天用微生态制剂全池泼洒，使池水中微生态制剂浓度达 2 ~ 4 毫克 / 升。④用漂白粉全池泼洒，使池水中漂白粉浓度达 1 毫克 / 升。

(5) 治疗方法。①用石灰乳泼洒，使池水中生石灰浓度达 15 ~ 20 毫克 / 升，连续泼洒 2 次。烂鳃细菌对酸碱度较为敏感，泼洒生石灰后池水 pH 值一般可升至 8.5 ~ 9.1，能有效的杀灭或抑制细菌生长。②二氧化氯全池泼洒，浓度为 0.5 毫克 / 升，连用两天。

3. 蟹奴病

(1) 病原。寄生虫引起的疾病。蟹奴属蔓足类动物，个体长 2 毫米，厚 1 毫米，寄生在蟹的腹部，吸收河蟹的体液作为营养物质。蟹奴体呈扁平圆形，似枣状，白色。一只蟹常被几个乃至十几个蟹奴寄生。

(2) 症状。被蟹奴大量寄生的河蟹，其肉味恶臭，不能食用，渔民称之为“臭虫蟹”

(3) 流行。幼蟹至成蟹的各个阶段都可能染有此疾病。

(4) 防治方法。①在投放幼蟹前严格清塘，杀灭塘内蟹奴幼虫，通常所用药物有漂白粉、美曲膦酯和甲醛等；②经常检查蟹体，发现河蟹被蟹奴寄生，立即将病蟹取出，切断传染源。

4. 颤抖病（俗称：抖抖病、弯腿病、高温病）

(1) 病原。可能是一种 RNA 病毒或呼肠弧病毒样病毒。

(2) 症状。病蟹出现胸肢不断颤抖、抽搐和痉挛等症状，腹肢无力，往往每触动一下，便抽动一次。有时步足收拢，蜷缩成团，多上草上岸，蜷缩于岸边或水草旁，不摄取食物，有时候吐沫，鳃有时呈淡铁锈色或微黑色，目检病死蟹无黏液和其他症状。发病后 3～5 天死在岸边、草上或洞穴中。

(3) 流行。多发生在消毒不彻底的老蟹塘。高温季节，水质恶化，pH 值低的水域尤多，扣蟹、成蟹养殖过程中均有发生，8～9 月为发病高峰期。温度在 28～33℃下流行最快，10 月后水温降到 20℃以下，该病渐为少见。在长江下游地区，辽河水系蟹种比长江水系蟹种易发生此病。

(4) 防治方法。目前此病尚无特效药治疗，因此重点放在预防上。预防方法：①提高蟹种免疫力，选择体质健壮的蟹种进行养殖。尤其要提高以非特异性免疫水平为目的的饲料添加剂，如中草药、多糖、氨基酸等。②为河蟹营造好的生态环境，对长期养蟹的池塘要实行间歇式养殖，对池塘较深的淤泥进行清淤、消毒处理，可选用消毒药，如强氯精、二氧化氯等。③蟹种消毒：消毒药品很多，用甲醛消毒效果较好，方法是，将甲醛用水配成含甲醛 0.05%～0.5%浓度的药液用于幼蟹药浴，浸泡 20～40 分钟。④按常规搞好养蟹水域水质管理。另外，“蟹抖灵”系上海汉宝生物工程有限公司生产，该产品可预防也可治疗。中国水产科学研究院北京鑫洋水产新技术开发公司生产的“蟹抖停”，也称蟹立康。该药为富含动植物多糖等多种活性物质以及多种长效抗病毒药物，对颤抖病有一定防治效果。

5. 水霉病（俗称：肤霉病、生毛病）

(1) 病原。真菌性疾病。主要是水霉菌和绵霉菌。

(2) 症状。蟹体表菌丝大量繁殖，生长成丛，像一团团灰白色陈旧棉絮。菌丝长短不一，约 2 ~ 3 厘米。向内外生长。向内深入肌肉，蔓延到组织间隙之间；向外生长成棉团状菌丝，俗称“生毛”。由于霉菌能分泌一种酵素分解组织，蟹体表受刺激后分泌大量黏液。病蟹行动迟缓，摄食量减少，伤口不愈合。

(3) 流行。幼蟹至成蟹的各个阶段都可能染有此疾病。此病淡水生物均可发生，主要危害受伤河蟹。当水霉菌着生面积占体表的 1/4，河蟹数日内即死亡。此病尤以春季最为常见。

(4) 防治方法。河蟹捕捉、运输、放养等操作要细致，谨防蟹体受伤；放养时用漂白粉或食盐浸洗消毒。用 4%的食盐水浸洗病蟹 3 ~ 5 分钟。

6. 淡水纤毛虫病

(1) 病原。纤毛虫类。由于投喂量大、残渣剩饵不清除、池水过瘦、水质恶化，淡水纤毛虫类类大量繁殖引起。

(2) 症状。河蟹行动迟缓，食欲下降，乃至停食，终因营养不良，无力蜕皮而死。死蟹腹部常观察到较多黏液块，纤毛虫钻入河蟹上皮细胞中形成小的白色或淡黄色创伤，体表长满许多棕色或黄褐色绒毛。镜检可发现河蟹体表、附肢、鳃等处有许多纤毛虫体。病蟹鳃部、整个头胸部、腹部、四对步足有大量纤毛虫附生，仅有少许河蟹为局部少量寄生，寄生纤毛虫的河蟹体表污物多。

(3) 流行。幼蟹至成蟹的各个阶段都可能感染此病。

(4) 防治方法。①改善水体环境，排除 1/3 老水，泼洒生石灰，使池水中生石灰浓度为 15 ~ 20 毫克 / 升，连用 2 次，将池水透明度提高到 40 厘米左右。②用 0.05%甲醛浸洗病蟹 1 ~ 2 小时。③用甲醛全池泼洒 1 ~ 2 次，使池水中甲醛浓度达 1 ~ 2 毫克 / 升。④用硫酸锌全池泼洒，使池水中硫酸锌浓度达到 0.3 毫克 / 升。

7. 水肿病

(1) 病原。细菌性水肿的病原是：细菌；真菌性水肿的病原是：毛霉菌。

(2) 症状。病蟹的腹与胸甲下方交界处肿胀，类似河蟹即将蜕壳。用手轻轻压其胸甲，有少量的水向外冒。病蟹精神不好，拒食，终因呼吸困难窒息而死。河蟹水肿病有两种。一种是细菌感染水肿，另一种是因毛霉病后期腮感染水肿。这两种水肿在病原和病因、发病的时期、病蟹症状、治疗的方法均不同。

(3) 流行。幼蟹至成蟹的各个阶段都可能染有此疾病。细菌性的水肿，发病在夏初至中秋，即从小满至秋分前的气温较高，河蟹生长旺盛的时期；而毛霉菌病引起的水肿发病在秋分以后的天气凉爽河蟹成熟的时期。

(4) 防治方法。细菌性的水肿须抗菌治疗，其方法：①连续换水 2 次，先排后灌，每次换水量 1/3 ~ 1/2。②泼洒漂白粉 1 ~ 2 毫克 / 升。③全池泼洒土霉素粉 1 毫克 / 升。④全池泼洒石灰 15 ~ 20 毫克 / 升。⑤用土霉素、大蒜拌食投喂一星期，用量：土霉素 0.25 克 / 千克蟹；大蒜用量可为蟹重的 0.5% ~ 1%。

毛霉菌引起的水肿用抗生素治疗无效，须用抗毛霉菌药物治疗：①连续换水2次。②泼洒漂白粉2毫克/升。③泼洒甲醛10毫克/升。④泼洒石灰20毫克/升。

8. 敌害生物　采取多种方法消灭敌害生物，如水老鼠、水蛇、青蛙、蟾蜍、水蜈蚣、部分凶猛肉食性鱼类及水鸟等，及时发现捕捉清除。

9. 青苔

(1) 青苔的危害。青苔亦称青泥苔，是水绵、双星藻、转板藻等几种丝状绿藻的通称。养殖池塘中的青苔多在天气转暖后，于池塘浅水处萌发，长成缕缕细丝，底端扎在池底，上端直立在水中，故也称沉水性丝状植物。当其衰老时断离池底，漂浮水中，形成团团乱丝，鱼、虾、蟹等养殖动物误入其中，往往被缠绕其内。轻者，大量青苔附着虾、蟹体表，影响其生长；重者，引起鱼、虾、蟹等养殖动物缺氧死亡。另外，大量的乱丝漂浮在水中，一方面，严重影响浮游生物对光能的吸收，使养殖池塘中浮游生物减少，造成养殖动物的食物减少；另一方面，阻碍水温的提高和氧气的溶解并大量消耗水中的养分，使池水变瘦，造成养殖动物生长缓慢，使池塘养殖经济效益降低。

(2) 预防措施。①清淤：如果清塘不彻底，底层的淤底比较肥，为青苔的生长提供了充分的营养，清淤就断绝了其养分来源。②加深水位：水位较深可以防止阳光直照到池塘底层，断绝了其能量来源。③培肥水质：一方面肥塘后降低了水体的透明度，使阳光不能直接照到池塘底层；另一方面，水体中藻类可以竞争青苔所需养分，抑制青苔的生长。

(3) 清除方法。养殖池塘中青苔的清除方法主要有：机械清除法、生物清除法、人工清除法和化学清除法等几种，而其中最常用的是化学清除法和人工清除法。

人工清除法：一般是针对有少量青苔的情况，此方法缺点是费工、费力，而且清除不彻底，容易反复生长。

化学清除法：从前常用的药剂是硫酸铜。但是硫酸铜的缺点相当突出，硫酸铜是一种重金属盐，因此具有十分强的毒性且铜离子残留时间长，使用后对养殖动物的摄食与生长有很大的影响，不能连续使用，否则会造成水产动物体内金属离子的积累，导致金属中毒。目前可以使用由多种原料科学复配而成清除青苔的新药进行清除。

# 第四章
# 黄鳝网箱健康养殖技术

## 第一节 概 况

### 一、分类与分布

黄鳝（*Monopterus albus*）属鱼纲、合鳃目、合鳃科、黄鳝亚科。地方名鳝鱼、长鱼、罗鳝、田鳗、无鳞公主等。黄鳝广泛分布于全国各地的湖泊、河流、水库、池沼、沟渠等水体中。除西北高原地区外，各地区均有记录，特别是珠江流域和长江流域，更是盛产黄鳝的地区。黄鳝在国外主要分布于泰国、印度尼西亚、菲律宾等地，印度、日本、朝鲜也有少量分布。

### 二、养殖现状与前景

#### （一）自然资源现状

自然界中黄鳝主要生活在湖泊、河流、水库、池沼、沟渠等水体中,也在水稻田、田埂、堤岸和乱石缝中钻洞穴居,亦喜栖于腐殖质多的水底泥窟中。然而近些年来,由于栖息地减少、工业污染、农药污染、过度捕捉等原因，黄鳝的自然资源量在不断减少，人工养殖的产品占据大部分市场。

#### （二）黄鳝的养殖现状

1. *养殖现状特点* 黄鳝产业出现了良好的发展势头，群众养鳝的积极性较高，在一定的范围内形成了黄鳝养殖热潮。

一是科研落后于生产的局面有所改善；二是规模化、集约化养殖呈现良好势头；三是我国黄鳝在国际市场上的地位日益提高；四是对黄鳝产业的投入已出现多元化趋势。

2. 存在的问题

(1) 种苗生产的规模化仍然落后。种苗是生产的基础，黄鳝养殖的快速发展与种苗供应严重不足的矛盾更加突出。

(2) 天然黄鳝资源亟待保护。一直以来人工养鳝种苗主要依赖天然鳝种的捕捉，使野生黄鳝资源受到很大的破坏。

(3) 黄鳝疾病成为制约发展的主要因素。随着养鳝集约化的发展，鳝病越来越多，目前各类鳝病已达近30种。

(4) 配合饲料研制相对滞后。由于黄鳝特殊的食性，仅靠鲜活生物饲料不能满足规模化生产的需要。使用配合饲料是黄鳝养殖的必然趋势，然而，目前研制出的黄鳝配合饲料还存在许多缺陷，配合饲料中的添加剂使用也不规范。

(5) 黄鳝集约化养殖技术不够普及。近年来，黄鳝集约化养殖技术的研究有了较大的进展，但对生产经验和实用技术总结不够，集约化养殖技术推广力度不大，许多养殖户没有掌握技术即盲目上马，造成较大损失。

**(三) 市场前景**

黄鳝是深受国内外消费者喜爱的美味佳肴和滋补保健食品，在国内外市场上十分畅销。由于鳝鱼体内富含DHA、EPA和其它药用成分，因而在深加工和保健品开发上具有极大的发展潜力。目前供应黄鳝市场的货源主要来自野生捕捞鳝种，人工饲养成大规格商品鳝，野生鳝的资源已被大量破坏。需求的增长和资源的减少使黄鳝的市场供应日趋紧张，价格稳步提高，目前，日本市场黄鳝的价格比鳗鱼还高。诸多因素表明，人工养殖黄鳝具有广阔的利润空间，但由于鳝种的制约，在发展黄鳝养殖时要因地制宜，适度规模经营。

## 第二节 生物学特性

### 一、形态特征

1. 外部形态 黄鳝体形细长，前段呈圆筒状，后段较侧扁，尾端渐尖细，外观似蛇形，体长为体高的 21.7～27.7 倍，为头长的 10.8～13.7 倍，头长为吻长的 4.5～6.1 倍。与一般鱼类相比，黄鳝体表无鳞，富有黏液，外观看不到背鳍、臀鳍，也没有胸鳍和腹鳍。体色有黄色、棕黄色、青黄色、青棕色、棕红色、泥黄色等，有的全身布满大小不一的黑色斑点，其体色因生活环境不同，而呈现不同的颜色，腹部颜色偏淡。游动时主要靠肌节有力伸屈，作波浪式泳行。口大，上颌稍突出，上下唇发达，能吞食较大食物。口裂后方伸达眼的后缘，上下颌骨有细小的颌齿，具上咽齿、下咽齿，几种齿均由圆锥形齿尖与圆柱形齿基组成，齿呈不规则排列，大小也不一致。眼小，为皮膜所覆盖，侧上位，视觉不发达，喜趋荫避光。嗅觉和皮肤的触觉很灵敏，是摄食的主要感觉器官。鳃孔较小，左右鳃孔在头下部合二为一，呈一横裂。生长季节黄鳝常将头伸出水面呼吸，并将空气暂贮在咽腔中，因此黄鳝的喉部显得特别膨大。黄鳝栖息的洞穴，一般在水下 5～30 厘米处，以便随时将头伸出水面呼吸。

2. 内部结构 黄鳝全身只有一根脊椎骨，无肌间刺。腹腔膜黑褐色，肠短，无盘曲，短于体长，具肉食性鱼类相似特征，肠中段有一缩小处，将肠分为前肠和后肠。体内无鳔（即鱼泡），因而黄鳝不能像其他鱼一样停留在任意水层。黄鳝的心脏离头部较远，约在鳃后5厘米处。黄鳝鳃退化，鳃3对，无鳃耙，鳃丝很短呈羽毛状，鳃丝数为21～25条，在水中不能单靠鳃呼吸，需要咽腔和皮肤进行辅助呼吸，特别是咽腔有皱褶的上皮，充满微血管，在夏季等水温较高，黄鳝的代谢旺盛时，黄鳝常常将头伸出水面，依靠口咽腔直接呼吸空气，在冬季低温冬眠时，则主要依靠皮肤进行微弱的呼吸。由于黄鳝能利用咽腔和皮肤呼吸，所以离水后可较长时间不死。

## 二、生态习性

1. 栖息　天然生长的黄鳝为底栖生活的鱼类。栖于稻田、水库、池沼及河沟中，常在田埂、堤岸和乱石缝中钻洞穴居，亦喜栖于腐殖质多的水底泥窟中，在偏酸性水体中能很好地生活。在生长季节，白天静卧洞内，晚间外出活动，夜间常守候在洞口捕食。气温、水温较高时，白天也出洞呼吸与捕食。冬季栖息处干涸时，能潜入土深30～40厘米处越冬达数月之久。

2. 食性　黄鳝是以动物性食物为主的杂食性鱼类，主要摄食各种水生、陆生昆虫及幼虫、大型浮游动物。也捕食蝌蚪、幼蛙、螺、蚌及小型鱼、虾类。此外，兼食有机质碎屑与丝状藻类，其食物组成中也有不少浮游植物。

人工养殖黄鳝可以投喂小鱼、小虾、螺蚌肉、蚯蚓、蝇蛆、黄粉虫以及各种动物内脏，也可投喂全价人工配合饲料。黄鳝也食少量浮萍、瓢莎等天然水生植物。

摄食方式为噬食及吞食，食物不经咀嚼就咽下。食物大时，咬住食物后用旋转身体的方式来咬断食物，捕食后即缩回洞内，喜食活食，耐饥饿。

3. 生长　生长是个体在生命过程中体长和体重增长的情况，黄鳝属于中小型鱼类，而且是生长速度较慢的鱼类。同其他肉食性鱼类一样，黄鳝的生长速度受环境条件，特别是受食物的质量和数量的制约较大。一般来说，人工养殖环境中的个体比自然环境中的个体生长速度快得多。人工养殖条件下的黄鳝比天然个体生长速度增加 2.5 倍左右，上市时间也由天然条件下的 3～4 年提高到 2 年左右（含 1 年种苗期）。尤其是网箱养殖、流水养殖等新兴的饲养方式，当年放种，当年养成商品规格，当年上市。

4. 繁殖　黄鳝不像多数脊椎动物那样终生属于一个性别，从胚胎到第一次性成熟均为雌性，产卵后卵巢退化，慢慢变成精巢，而成为终生的雄性。这种由雌到雄的转变叫性逆转现象。

在达到性成熟的黄鳝群体中，较小的个体是雌性，较大的个体主要是雄性，两者间的个体被称为雌雄间体，而这种呈雌雄间体的性腺组织实际上是一个动态过程，在这个生理变化过程中，有功能的雌性转变为有功能的雄性。黄鳝的幼体性腺逐步从原始生殖母细胞到分化成卵母细胞，黄鳝从幼体进入成体，性腺发育成典型的具有卵母细胞和卵细胞的卵巢，以后又逐渐发育成熟卵，这就决定第一次进入性腺发育成熟的个体都是雌鳝。雌鳝产卵后，可以明显地发现性腺中的卵巢部分开始退化，起源于细胞索中的精巢组织开始发生，并逐步分枝和增大，即性腺向着雄性化方向发展，这一阶段的黄鳝即处于雌雄间体状态。这以后卵巢完全退化消失，而精巢组织充分发育，并产生发育良好的精原细胞，直到形成成熟的精子，这时的黄鳝个体已转化为典型的雄性。

综合国内外学者对黄鳝性逆转的调查研究，可以概述如下：体长200毫米以下的成体黄鳝均为雌性；体长220毫米左右的成体开始性逆转；体长360～380毫米时，雌雄个体数几乎相等；380毫米以上时，雄性占多数；530毫米以上时，则几乎全部是雄性。

## 第三节　池塘网箱养殖技术

### 一、网箱养鳝的优势

(1) 成本低。一个3米×2米×1.5米的网箱成本在50元左右，用几根竹子或木桩固定就可养殖，省去了建池子的费用。

(2) 操作方便易管理。在养殖起捕及大小鳝中途分选调整时十分方便。

(3) 吃食效果好，生长快。因小网箱养殖鳝鱼高度集中摄食强度大，生长也就较迅速。

(4) 防治病害效果好。因鳝鱼相对集中，用药量集中，内服药也方便，有利于防病治病。

### 二、池塘条件

池塘网箱养鳝，就是将网箱设置在理想的鱼池中进行。黄鳝对环境适应性强，营底栖生活，它喜栖于腐殖质多的浅水水体中。鱼池是网箱养殖黄鳝的栖息环境，环境条件的好坏，会直接影响黄鳝的生长，网箱养殖黄鳝的鱼池，要求符合精养鱼池条件：

(1) 鱼池地势要稍高，背风向阳，周边环境安静，水源充足，水质良好，不受污染。

(2) 鱼池的形状尽量为长方形，长宽比为2：1或3：2。

(3) 鱼池东西向长，这样可增加鱼池日照时间，溶氧充足，有利于鱼池中浮游植物的光合作用。同时，东西向长对避风有好处，可减少南北风浪对池埂冲刷和网箱的漂打。

(4) 黄鳝养殖池中水质应保持一定的肥度，对提供溶解氧有利，因溶解氧主要来源于水中的浮游植物的光合作用。

(5) 鱼池的面积5～10亩为宜，池深2.5米，水深1.8～2.2米。水中无杂物，透明度20～30厘米，鱼池底部要平坦，向排水方向稍倾斜。鱼池排灌方便，避免串灌，防止疾病传染。

(6) 有充足的动物性饵料来源，这是发展养鳝的物质基础。

(7) 池埂要有2米以上的面宽，便于生产操作。池埂内边坡坡比为1：2.5，用水泥或石块护坡更好。

## 三、放种前准备工作

### (一) 清池消毒

1. 池塘清整　新建池塘可直接进水消毒，经过养殖的老池塘，一般在黄鳝起产后即可干池，干池后将垮塌的池埂修整好，清除池底过多的淤泥，修理好进排水设施,然后晒池15～20天。

2. 进水消毒　晒好的池第一次进水时，进水深50～80厘米，检查池埂是否漏水，进水口要用网布拦截，防止野杂鱼虾进入池塘。然后进行池塘消毒，消毒的主要目的是杀灭池中的野杂鱼虾及其他敌害生物和各类病原。清塘消毒所用药物及方法与常规养鱼鱼池清塘消毒相同，应注意不得使用禁用药物。

### （二）网箱架设

1. 网箱架设时间　一般情况下，网箱架设的时间应在鳝种进池前2个月，新网箱可直接架设，养过鳝鱼的旧网箱，架设网箱前检查是否有破损的地方，修补好后应曝晒一天，下池前再用福尔马林或聚维酮碘溶液浸泡20～30分钟，杀灭箱上携带的病原。

2. 网箱的大小　一般视水体大小而定，通过改进，目前最常见的规格是3米×2米×1.5米，每个网箱面积6平方米左右。小体积网箱更有利于箱内外水体交换和便于人工操作。

3. 网箱的材料　采用质量较好的聚乙烯网片缝制。

4. 网箱的安装　一个2米×3米的网箱用6根竹竿或4根木桩固定，网箱底部四角固定在竹竿上，以免网片上浮，也可在池塘对应的两边打桩，将钢丝绳固定在桩上，再把网箱挂在绳上，四角吊石头防网片上浮，如果是水库等较大较深的水体无法打桩或插竹子的水体可在水中放空油桶或泡沫浮子等扎排安装网箱，效果更好，无论哪种形式，网箱之间必须留有操作喂食的通道。网箱入水0.8～1.0米，露出水面0.5～0.7米。箱底与池底距离最好在0.5米以上。至于放网箱的数量，视具体情况而定，因鳝鱼有耐低氧的特性，如果水体大，水交换方便，只要操作便利，全池放满也可，但水体小且水交换困难，则不能放得太多，因水体长期处在缺氧状态下，水质极易恶化，影响鳝鱼摄食生长，甚至诱发疾病。一般网箱面积占鱼池水面的30%～40%。

### （三）水草培育

1. 水草的作用　网箱养鳝中水草是关键，因网箱内无泥，鳝鱼主要靠水草栖息。水草以水花生为最好，水草必须多放，成活后以看不见水为宜。水草主要有以下几个作用：一是供鳝鱼栖身、避光；二是吸收箱内水体营养，减少污染，净化水质；三是避免阳光对水直射，稳定水温，夏天可以避暑。

2. 水草的培育　网箱架设好以后即可进草种进行培育，草种投放量可占网箱面积的 1/2 ~ 3/5，均匀铺放在箱内水面上，待水草长满网箱后，翻草一次，增加箱中水草的厚度。

箱内水草宜多不宜少，但要在网箱两头各留一处能看见水的地方，作为投饵场让鳝鱼吃食，该位置要固定，若水草长满了吃食的地方，则要经常取走一些水草，但不能使吃食的地方空荡荡的，吃食的地方一般留脸盆大一块能看到水的地方即可。

3. 水草病害防治　网箱养鳝所用水草一般为水花生，其病害很少，但斜纹夜蛾危害较严重，当虫害发生时，可将水花生叶片全部吃光，严重影响水草生长。斜纹夜蛾在国内各地都有发生，是一种暴食性害虫，它主要以幼虫危害全株，小龄时群集叶背啃食。3 龄后分散危害叶片、嫩茎。其食性既杂又危害各器官，老龄时形成暴食，是一种危害性很大的害虫。当虫害发生后可用阿维菌素溶液喷杀。

### （四）套养鱼种放养

1. 放养时间　当池塘消毒药性消失后即可放养。

2. 放养品种　鳝池套养品种主要为花白鲢、草鱼、黄颡鱼、细鳞斜颌鲴、鲫鱼等。

3. 放养规格及密度　每亩水面放养量为：100 ~ 150 克 / 尾的花鲢 20 尾，50 ~ 100 克 / 尾的白鲢 50 尾，500 克 / 尾左右的草鱼 15 尾，10 ~ 15 克 / 尾的黄颡鱼 50 ~ 100 尾，15 ~ 25 克 / 尾的细鳞斜颌鲴 40 尾，50 克 / 尾的鲫鱼 30 尾。

## 四、养殖模式

### （一）当年上市养殖模式

即当年放种当年上市的养殖模式。一般在6月下旬至7月份放种，年底上市。优点是资金周转快，无越冬的风险；缺点是规格偏小，增重倍数低，单位重量鳝种成本稍高。

### （二）隔年上市养殖模式

即当年放种，第二年上市的养殖模式，一般在8月份放种，第二年4～6月上市。优点是避开放种高峰期，鳝种成本较低；增重倍数大，单位重量鳝种成本低；养成规格大，销售价格高，效益好。缺点是存在越冬风险，技术不过关不能采用。

## 五、鳝种投放

1. 苗种来源与选择　鳝种的来源有两个，一是在每年的4~10月在稻田和浅水沟渠中用鳝笼捕捉。二是从市场上采购。无论是自捕还是购买，都以笼捕为好，钩捕或电捕的鳝种因体内有伤，成活率极低，即使不死，生长也极其缓慢，故一定要挑选无病无伤的鳝种放养。黄鳝依其体色一般可分为三种：一种是体色黄色或土黄色并夹杂有大斑点，增肉倍数为1∶5～6，生长较快，以此作养殖品种较佳。第二种为体表青黄色。第三种体灰色且斑点细密。后二种生长速度缓慢，增肉倍数只有1∶1～3，不宜人工养殖。

2. 放养时间　采用当年上市模式的放养时间为6月下旬至7月份，采用隔年上市养殖模式放养时间为8月份。放种时必须选择晴好天气，要求鳝种产地进种前3～5天为晴天，养殖地放种后2～3天为晴天。

3. *放养规格与密度* 投放的鳝种每箱内必须规格一致以免互相残食。一般每平方米放 1 ~ 1.5 千克左右，放养规格为 20 ~ 70 克 / 尾，以 50 克 / 尾左右为最好。因鳝鱼养殖时间短，种苗太小难以养成大规格商品鳝。放养时在箱内搭配放养泥鳅 3 ~ 5 尾 / 平方米，可起到清除残饵、清洁网箱的作用。苗种要求健康无损伤、无病灶，体质强壮。鳝种下箱前必须用 3% ~ 5% 的食盐水或每立方米水用 80 万 ~ 120 万国际单位青霉素或 20 克的高锰酸钾水浸泡 5 ~ 10 分钟，以杀灭外来病源。放种前一天池塘及网箱内水体全部用 0.5 毫克 / 升聚维酮碘溶液泼洒消毒。

## 第四节 饲养管理

### 一、水质调控

网箱养鳝池塘要求水色为黄绿色或黄褐色，透明度为 25 ~ 30 厘米，溶解氧在 4 毫克 / 升以上，pH 值 6.8 ~ 8，氨氮浓度 0.2 ~ 0.5 毫克 / 升， 亚硝酸盐浓度小于 0.1 毫克 / 升。以上水质指标可通过采用水质测试盒等手段进行检测，从而采取一些措施对水环境进行必要的、有益的、及时的调控。

### 二、投饲管理

#### （一）驯食

鳝鱼的人工养殖必须经过驯食才能成功。需驯化的鳝苗分为两类：一类是刚收购或自己捕捞的鳝苗，这类鳝苗驯食相对较易。刚放养的鳝苗要停食让它饥饿二、三天，然后用鲜鱼打成浆或肉泥，用水冲稀（一般鱼肉与水的比例为 5 : 1）用纱布过滤除去鱼肉、鱼刺等物，再用滤出的鱼浆水浸泡颗粒配合饲料（每千克饲料使用 0.5 千克鱼浆水浸泡 10 分钟），然后定点投入网箱内。第一天投饵为鱼体重的 1%，以后根据吃食强度适度调整投喂量，并逐步减少鱼浆用量直到完全不用。正常情况下，一般 7 天左右可诱导黄鳝正常摄食人工配合饲料。

另一类是已经开始正常食鲜饵（冰冻鱼、鲜鱼、蚯蚓等）的鳝苗。这类鳝苗驯食时饥饿时间须稍长一些，浸泡饲料的鲜饵必须使用停食前使用的鲜饵，因为黄鳝对食物转化的适应期较长，一旦摄食正常后不要轻易改变饲料品种，以免造成停食，影响生长。

值得注意的是驯食过程中，浸泡饲料的鱼浆水中不能混有成形的鱼肉块等物，否则鳝苗会选择先吃这些成形物，如已经半饱便会对配合饲料失去兴趣，影响驯食成功的速度。

### （二）投喂管理

黄鳝摄食方式为鱼类中较少见的吸吸式，捕食时综合运用其嗅觉、味觉、视觉和侧线系统，因其嗅觉、味觉灵敏，视觉迟钝，所以对食物要求甚严，但遇到可口食物时十分贪食。人工养殖的黄鳝，视饲料来源情况，可投喂鲜活饲料，也可投喂黄鳝专用饲料。饲料投喂要做到四定：

1. **定质** 饲料必须新鲜且营养丰富，常用的鳝鱼饵料主要有蚯蚓、小杂鱼虾、螺蚌肉、鲜鱼肉、畜禽加工下脚料等鲜活饵料及全价配合饲料。饲料大小以黄鳝张口即可吞入为宜。另外，投喂黄鳝的饲料种类不能随意改变，因为当黄鳝适应了某一种饲料后，若随意变动饲料品种，则黄鳝会拒绝摄食。

2. **定位** 饲料需投在固定的位置上，一般 6 平方米网箱设

2个投饲点，箱中投饲点分布要均匀。

3. 定时　黄鳝喂食，每天1次即可，在傍晚进行，中、晚秋水温渐低，黄鳝投饵时间可逐步提前到温度高的中午。

4. 定量　水温在22～28℃时，日投饵率为存池鳝鱼体重的2%～3%（指全价配合饲料，不含动物性鲜活饲料，配合饲料与动物性鲜活饲料比为1∶0.6～1），在此温度之外投喂量酌减，30℃以上、15℃以下时可停止投饵或隔1～2日投一点也可。投饲不能忽多忽少，或时有时无，每次是否投喂或投喂量的多少，要根据“四看”来灵活掌握。一看天气：天气晴，水温适宜（22～28℃）可多投，阴雨、大雾、闷热天少投或不投，并及时捞除残剩饲料；秋冬之交水温适宜可在晴天适当少喂。二看水质：池塘或网箱中，水呈油绿、茶褐色，说明水体溶氧充足，可多喂饲料；水色变黑、发黄、发臭等，说明水质变坏，宜少投或不投饲料，并要及时采取相应措施改良水质。三看黄鳝大小：个体大，投饵多，个体小，投量少，并随个体生长逐渐加投饲料。四看吃食情况：所投饲料在0.5小时内吃完，说明摄食旺盛，下次投料量应适当添加；如果没有人为和环境因素影响，1小时后饲料还剩余较多，说明饲料投量过大，应减少投喂量，并要注意检查黄鳝是否发病。

投饵时，定期加些保肝宁、利胃散、复合维生素之类保健药品，对提高成活率、增强抗病力、提高饲料回报率有很大的帮助。

## 三、高温期管理要点

1. 控制水温　水温的高低直接影响到黄鳝的生长、摄食。黄鳝虽然是喜温性鱼类，但其最适宜的温度为22～28℃。当水温高于28℃时，其摄食量明显下降，生长受到抑制。进入高温季节，水温很容易升至28℃，因此，盛夏季节一定要做好防暑降温工作。

2. 保证水草生长正常　水生植物是作为遮挡部分阳光，便于黄鳝潜伏用的，可以改善池子的环境，降低池水水温，有利于黄鳝栖息。

3. 勤换水　盛夏气温高，池水蒸发快，水位极易变浅，水温上升快，而且由于黄鳝养殖密度高，鳝体表黏液分泌量较多，如果池水更新工作不到位，则会使黏液聚积、发酵，使水温快速上升。因此，要时刻注意水温，适时换加新水，使水位保持在1.7米左右，换水时，换水量为10厘米左右，不宜一次换水过多。

4. 管理好水质　鳝池水质要保持："肥而不腐、嫩而不老、爽而不寡、活而不疏"。

肥：水色以淡褐色或嫩绿色为好，透明度为25厘米左右，溶氧保持在4毫克/升以上。由于鳝池较浅，鳝池中一般不要施用有机肥料，以免败坏水质。

活：水色要经常发生变化。

嫩：要求池水不老，老水有两种特征，一种是水色发白，一种是水色发黄或老褐色，此时应换加新水。

爽：水色不浓而清爽，透明度不低于20～25厘米。

5. 防止黄鳝浮头　在正常饲养条件下，如出现一般性浮头，说明放养密、投饵多、黄鳝生长旺。但在天气闷、阴雨天、水质严重恶化、水面出现气泡等情况下，或早晚巡塘时发现黄鳝受惊跳动、群集水面、散乱游动，则说明是严重缺氧，必须迅速处理。对轻度浮头，只需立即注入新鲜水增氧即可，但千万不能在傍晚注水，以免造成上下水层对流反而加剧浮头。暗浮头多发生在夏季和秋初，由于症状轻，不易察觉，如不及时注水预防，易发生泛塘死亡。对天气、水质突变引起的浮头，只要减少投饵，将饵料残渣及时捞出，从速注入新水即可解决。

## 四、越冬管理

### （一）越冬前饲养管理

黄鳝在越冬前要加强投饲，并在饲料中添加水产多维、保肝护肝、抗应激的保健制剂，增强黄鳝体质，提高黄鳝抗病耐寒能力。当水温降至22℃时，逐步降低配合饲料用量，提高鲜活动物性饲料比例，将配合饲料与鲜活动物性饲料比例由1:1逐步改变为0.5：1。在停食前驱一次虫，全池（含网箱内）进行一次消毒，消毒后3～4天，全池泼洒一次改水改底微生物制剂。当水温降至15℃时应着手准备黄鳝越冬。

### （二）越冬期管理

1. *管理措施* 越冬期间，黄鳝进入冬眠状态，应将池水加至最大水位，保证池水温度。当遇冰冻天气时，应在网箱上加盖稻草和薄膜，防止黄鳝发生冻害，造成损失。冬季水草枯萎后，防止水老鼠进入箱中危害黄鳝。如果池塘存在漏水现象应及时补充，保持恒定水位。

2. *越冬死亡的原因及预防* 一般人工养殖的商品黄鳝到春节前后销售，小黄鳝或两年养成的黄鳝则在第二年继续养成。网箱中养殖的黄鳝在冬季冬眠时常有死亡，给养殖者造成较大的经济损失。网箱黄鳝越冬死亡有多种原因，应采取相应的措施预防。

（1）体质太差。由于黄鳝自身体质太差，对环境变化特别是水温剧变和病害的抵抗力差而造成死亡。因此，从越冬前的秋季开始就必须加强饲养管理，以增强黄鳝自身体质。主要措施是：投喂含丰富蛋白质和一定量脂肪的能量饲料，如蚯蚓、螺蚌肉、鲜鱼、蝇蛆、全价配合饲料等。秋天水温逐渐降低，傍晚吃食减少时，可以把投喂时间逐步移到水温较高的中午进行。每次投喂饲料数量要足。

(2) 水草不适。冬季网箱中的水草都枯萎，但黄鳝仍需要栖息在水体上层的水草中。这时如果水草太少或水下部分无纵横交错的密集水草，则黄鳝无良好的栖息场所，最后落入网箱底部缺氧死亡。预防方法是：越冬前应在网箱中培植大量的水草。水草品种以水花生最好，因为它的水上水下部分都很发达，且其水下部分冬季仍不会死亡。

(3) 水质不良。冬眠期间，黄鳝主要依赖退化了的鳃和皮肤呼吸水体中的氧，如水质不良，水中缺氧，也会造成黄鳝死亡。因此，越冬期间需要保持良好的水质。方法是：保持水体一定的肥度，经常加注新水并保持高水位。

(4) 水面结冰。黄鳝对低温的耐受能力一般在1℃。严寒的冬季，网箱中水面枯萎的水草若不能覆盖水面而结冰，时间过长也会导致黄鳝死亡。防止方法是：正确选择养殖用的水草，如水花生，而不宜用水葫芦，另外可在枯萎的水草上加盖干稻草、薄膜等。

(5) 病害侵袭。主要有水霉病、腐皮病和蚂蝗危害等。病害一是严重影响冬眠黄鳝的体质，二是带病个体越冬易死亡，三是带病个体疾病传播。因此，越冬前必须严格防病，有病则要及早治愈。冬眠前还要向水体泼洒一些杀菌灭虫药物预防。

(6) 人畜等危害。由于冬眠期黄鳝活动能力极弱，外界干扰会使它落入水质极差的网箱底部，又无法回到水面的水草中而缺氧窒息死亡。因此，冬季切莫随意拉动水草和搅动水体。

### 五、起捕

起捕时间应根据市场行情及黄鳝规格而定，可在 11 月份以后随时起捕出售。

## 第五节　病害防治

### 一、病因

1. 水温引起　黄鳝的生长水温为 15 ~ 30℃，最适水温为 22 ~ 28℃，当水温过高达到 40℃以上时，往往会出现黄鳝被“烫死”的现象。另外，由于鳝池要经常换水或降大暴雨，引起水温突变，如果温差超过 4℃左右时，可引起黄鳝“感冒”。

2. pH 值引起　黄鳝适宜的 pH 值为 6.8 ~ 7.8，如 pH 值低于 5 或高于 9.5，就会引起黄鳝死亡，一旦池水 pH 值在 5 ~ 6.5 之间，鳝鱼生长缓慢，并易感染嗜酸卵甲藻而患打粉病。

3. 有害物质引起　由于鳝池投饲量较大，池底沉积的有机物质较多，在微生物分解旺盛时，就会消耗水体中大量的氧气，同时还会产生大量的硫化氢、亚硝酸盐、氨态氮等有害物质，一旦聚集量较大，就会使池水变质，使鳝鱼患病而死。此外，一些生活污水、工厂废水和有毒物质的排放，也会导致鳝鱼的生病或死亡。

4. 投饲不当引起　黄鳝喜吃新鲜饲料，如投下不清洁或腐烂变质的饲料，会引起黄鳝患病。如投饲量不足，黄鳝之间会出现大吃小或咬伤现象，会使鳝体受伤感染细菌而死。

## 二、预防措施

鳝鱼生病大多是与水体环境和饲养管理有关。因此，人工饲养黄鳝一定要本着无病早防，有病早治，防重于治的原则。预防措施如下：

1. *鳝种体外消毒*　鳝种在放养时，最好采用高锰酸钾和食盐等药物进行体外消毒。在浸洗时要达到要求的药液浓度和足够的浸洗时间，并应视鳝种的忍耐程度和水温的高低来灵活掌握。具体方法是野外捕捉、市场购买或专池培育的鳝种，在放养前，用2%～3%的食盐水或8～10毫克/升的高锰酸钾浸洗10～15分钟后，再轻轻的捕起鳝种，放入鳝池中饲养，这样可达到预防目的。同时，还要注意在鳝种放养前，要彻底清池消毒，消灭池塘中病源体和其他敌害。一般每平方米池面用50～100克生石灰化浆后，全池泼洒，待5～7天（药力消失）后，再投放鳝种。在放养操作或外购鳝种时，还应避免用干燥、粗糙的工具接触鳝体，以免损伤鳝体，确保鳝体具有一定的湿润和皮肤完好性。在捕捉黄鳝时，千万不能用力捏挤鳝体，以防鳝体损伤感染致病。

2. *食场地工具消毒*　每月用漂白粉消毒食场地1～2次，方法是用漂白粉10克溶化在5千克水中，泼洒在食场周围。在已发病鳝池用过的工具，在使用前，必须经过严格的消毒。简单的方法是：使用后在太阳下曝晒，如是粪桶，可采用石灰水浸泡处理。

3. *做好疾病隔离工作*　当连片鳝池的某一个池发生传染病时，一定要做好“封池”隔离工作，即使在该池中使用过的网具等，也要经过消毒后，才能再在其他池中使用。死鳝要挖坑埋好，切勿乱丢，同时应避免池水流入其他鳝池，以防传播蔓延。

4. 药物预防　发病季节，定期在鳝池中投放低浓度药液，可预防鳝病。也可在黄鳝饲料中混药预防，如用碘酒拌在饲料中喂鳝，可预防球虫病，用大蒜泥拌饲料，可预防细菌性肠炎病。

5. 加强管理　鳝池要有专人管理，做好记录。要严守岗位，发现问题及时处理，杜绝鳝病发生和蔓延。同时，要改善水体环境，人为地给鳝鱼创造良好的生长环境。由于鲜粪、残饵等在饲养过程中日积月累，使水质过肥，鳝鱼容易生病；反之，水质过瘦也会导致鳝鱼患病。因此，在饲养管理过程中，一定要认真观察水质变化，及时采取培肥、加水、换水等有效措施。也可每隔 15 天左右，全池泼洒生石灰水 1 次，用量为 40 毫克 / 升，效果较好。

6. 防止有害农药的流入　为了确保黄鳝在养殖池中安全生长，在进水时应注意周围使用农药情况，不能让含农药的水进入鳝池。

## 三、常见病害的诊断与治疗

### （一）诊断方法

相对其他水产养殖动物而言，黄鳝具较强的抗病能力，在自然环境生长过程中由于密度小很少有病，但若人工饲养管理不善，或者饲养环境恶劣、水域污染等，仍可导致黄鳝发病，直接影响其生长速度和成活率。因此，不能忽视黄鳝的病害。正确诊断鳝病是有效防病治病的关键。为了有效治疗鳝病，必须首先对病鳝进行正确的检查和诊断，才能对症下药，取得应有的治疗效果。鳝病的诊断可以从两个方面进行：

1. 现场调查　黄鳝患病后，不仅在鳝体上表现出症状，而且在鳝池中也表现出各种不正常的现象。如有的病鳝身体消瘦、柔弱，箱中黄鳝上草不下水，气候水质正常时吃食量明显降低，体色发黑，离群独游，行为迟缓，手抓即着，身体呈卷龙状；有的病鳝在池中表现出不安状态，上下窜跃、翻滚，有的体表黏液脱落，神经质窜游，且相互缠绕翻滚。这些可能是细菌或寄生虫的侵袭或水中含有有毒物质或水温过高而引起的。诊断时应细心观察，一般由中毒引起的黄鳝基本上都会倾巢而出；而由细菌或寄生虫引起的只是部分病鳝离穴。

同时，要注意观察是否有有毒废水流入鳝池，投饲、施肥是否过多而引起水质恶化，并对水温、水质、pH 值、溶氧等情况作详细调查。总之，现场调查是诊断鳝病的一个重要内容，不可忽视。

2. 鳝体检查　一般采用快死的病鳝或刚死去未腐烂变质的死鳝。鳝体应保持湿润，方法是按照先体表后体内、先目检后镜检的顺序进行。

(1) 体表检查。将病鳝置于白搪瓷盘中，按顺序从头部、嘴、眼睛、体表、肛门、鳝尾等处细致观察。大型的病原体通常很易见到，如水蛭。小型的病原体，虽然肉眼看不见，但可以根据所表现的症状来辨别。

(2) 体内检查。体内检查以检查肠道为主。解剖鳝体，取出肠道，从前肠至后肠，首先观察肠及粪便中有无寄生虫（棘头虫、毛细线虫等），然后用水将食物和粪便冲干净，如发现肠道全部充血，呈紫红色，则可能为肠炎病。

以上检查，一般以目检（即肉眼检查）为主，镜检常用于细菌疾病、原生动物等疾病的确诊和其他疾病的辅助诊断，方法是取少量病变组织或黏液、血液等，以生理盐水稀释后在显微镜、解剖镜或高倍放大镜下检查。

在诊断过程中，应根据现场调查结果和鳝体检查的情况综合分析，找出病因，作出正确的诊断，制定合理切实可行的防治措施。

**（二）常见病防治方法**

1. 赤皮病　又叫赤皮瘟、擦皮瘟。大多是因鳝鱼在捕捞或运输时皮肤受伤而细菌侵入所引起的。

（1）症状。体表局部出血、发炎，尤其腹部和两侧最明显，呈块状病灶，严重时可腐烂至骨。病鳝身体瘦弱，春末夏初较为常见。

（2）防治方法。放养时每100千克水加氟苯尼考10克浸洗鳝体25～30分钟。发病季节用二氧化氯、二溴海因、聚维酮碘等消毒剂全池遍洒进行预防。在捕捞和运输种苗时，操作要小心，勿使鳝体受伤。用二氧化氯全池泼洒，每立方米0.3克，兑成溶液泼匀泼洒。或用氟苯尼考拌料投喂，每千克饲料加药3克，每天一次，连用3天，病情严重时适当增加药量。或每100千克水加氟苯尼考10克浸洗鳝体25～30分钟。

2. 细菌性肠炎　又叫烂肠瘟、乌头瘟。

（1）症状。行动缓慢，停止摄食，头部特别黑，腹部出现红斑，肛门红肿，轻者腹部有血和黄色黏液流出，重者发紫，肛门外翻，很快死亡（此病一般在4～7月份发生，流行较快）。

（2）防治方法。在发病季节每10～15天用漂白粉消毒1次，每立方米1克。发病期间，连续3天，每天1次泼洒0.3

毫克/升二溴海因。再结合以下方法治疗：用氟苯尼考拌料投喂，每千克饲料加药3克，每天一次，连用3天，病情严重时适当增加药量。每50千克鳝种用大蒜250克，捣烂拌料投喂，连续投喂3~5天。

3. 水霉病　此病又叫鳝白毛病、肤霉病。病原体多为真菌性绵霉菌。

(1) 症状。主要是鳝体受伤，霉菌侵入伤口所致。霉菌的菌丝在体表迅速蔓延扩散而生成“白毛”，使病鳝食欲不振，最后消瘦死亡。

(2) 防治方法。运输操作中，尽力减少鱼体受伤。用2%~3%的食盐水浸洗鳝种。每立方米水体用五倍子2克煎汁全池泼洒；或用硫醚沙星全池遍洒；或用0.04%的食盐和0.04%的小苏打全池泼洒，效果明显。

4. 腐皮病

(1) 症状。体表皮肤出现许多圆形或椭圆形大小不等的红斑，其腹部两则最多，病情严重时，表皮呈点状溃烂，并向肌肉延伸，形成不规则的小洞，殃及内脏器官而死亡，或因瘦弱不食而死。

(2) 防治方法。鱼病流行季节，每立方米水体用二溴海因0.2克全池泼洒一次。或每立方米水体用二氧化氯0.5克全池泼洒一次。用氟苯尼考拌料投喂，每千克饲料加药3克，每天一次，连用3天。或用二溴海因全池遍洒，用量为0.3毫克/升，连用2天。

5. 烂尾病　此病由产气单孢菌引起。密集养殖池和运输途中容易发生，严重影响鳝鱼的生长，甚至导致死亡。

(1) 症状。尾部充血发炎，继之肌肉坏死溃烂，严重时尾柄或尾部肌肉溃烂掉，尾脊椎骨外露。病鱼反应迟钝，头伸出水面，丧失活动能力而死亡。这种病一旦发生，治疗十分困难，因此应以防为主。

(2) 防治方法。运输过程中，防止机械损伤。注意黄鳝池的水质，每立方米水体用二氧化氯 0.2 克，全池泼洒 1 次。每 100 千克水体用氟苯尼考 10 克浸洗消毒病鳝 25 ~ 30 分钟，有一定效果。发病期间，每立方米水体用二氧化氯 0.3 克全池泼洒，一天一次，连用 2 天。

6. 打印病　此病又叫梅花斑病，夏秋季常发病。病原为细菌。

(1) 症状。黄鳝背部及两则出现大豆大小的梅花斑点，发红、溃疡、出血，使黄鳝无法钻入洞穴。

(2) 防治方法。每立方米水体用漂白粉 1 克，化水泼洒。预防只泼洒一次，治疗需连续泼洒 3 次。或每立方米水体用聚维酮碘 30 克浸洗病鳝 15 ~ 20 分钟。或用氟苯尼考拌料投喂，每千克饲料加药 3 克，每天一次，连用 3 天。

7. 出血病　此病又称败血症。由气单孢菌引起。

(1) 症状。病鱼皮肤及内部各器官由于血管壁变薄，甚至破裂，均有出血，肝损坏严重。

(2) 防治方法。放鳝前用生石灰清塘消毒时要彻底。保证养殖期间的水质环境卫生条件。每立方米水体用二氧化氯 0.3 克，全池泼洒 1 次。发病后连续 3 天，每天泼洒 1 次。每立方米水体用聚维酮碘 30 克浸洗病鳝 15 ~ 20 分钟。

8. 疖疮病　病原为细菌。

(1) 症状。表皮及肌肉组织发炎，继而脓肿。脓肿处一般不开裂，常伴有头尾渗血。病鳝开始脓肿后不再入穴，常找水上支撑物躺着，似瘫痪状。此后，一周内死亡，死后病灶处常开裂。

(2) 防治方法。每立方米水体用二溴海因或二氧化氯 0.3 克，全池泼洒 1 次。发病后连续 2 天，每天泼洒 1 次。发病严重时，用氟苯尼考拌料投喂，每千克饲料加药 3 克，每天一次，连用 3 天。

9. 白皮病　病原为细菌。常发生于幼鳝尾部，多发于 5～8 月份，死亡率达到 60%以上，一般一周左右死亡。

(1) 症状。尾部发白，病灶处无黏液，一抓即着，但其他表现正常。

(2) 防治方法。每 50 千克黄鳝用土霉素 5 克拌料投喂，连喂 9 天。每立方米水体用二溴海因或二氧化氯 0.3 克，预防时全池泼洒 1 次，发病后连续 2 天，每天泼洒 1 次。

10. 毛细线虫病　病原体为毛细线虫，虫体白色，细长如线，体长在 2～11 毫米。

(1) 症状。病鳝常将头伸出水面，腹部向上，食欲减退或不摄食，体色变青发黑，肛门红肿。经解剖，肉眼可见后肠内有乳白色线虫，其头钻入肠壁黏膜层，破坏组织，导致肠中其他病菌侵入肠壁，引起发炎溃烂，如大量寄生可引起死亡。

(2) 防治方法。每立方米水体用 90%晶体美曲膦酯 0.5 克，全池泼洒，可预防此病。或每 50 千克黄鳝用 90%晶体美曲膦酯 5～7 克拌饲料投喂，连喂 6 天。或用贯众、荆芥、苏梗、苦楝树根皮等中草药合剂，按 50 千克黄鳝用药总量 290 克（比例为 16∶5∶3∶5）加入相当于总量 3 倍的水煎至原水量的 1/2，倒出药汁，再按上述方法加水煎第二次，将第二次药汁拌入饲料投喂，连喂 6 天。

11. 棘头虫病　病原体为棘头虫，白色条状蠕虫，能收缩，体长8.4～28毫米。

（1）症状。病鳝的食欲严重减退，或不进食，体色变青发黑，肛门红肿。经解剖，肉眼可见肠道充血发炎，阻塞肠管，使部分组织增生或硬化，严重时可造成肠穿孔，引起黄鳝死亡。

（2）防治方法。每立方米水体用90%晶体美曲膦酯0.5克，全池泼洒，可预防此病。每50千克黄鳝用90%的晶体美曲膦酯5～7克，混于饲料中投喂，连喂6天。

12. 复口吸虫病（又称“黑点病”）　病原体为复口吸虫的尾蚴和囊蚴。主要寄生于成鳝，可导致“白内障”和瞎眼。

（1）症状。发病初期，体表灰暗呈现黑点，随后，眼眶渗血，黑点变大成黑斑，并蔓延至多处；停食，不入穴，游态常为挣扎，萎瘪消瘦而死亡。

（2）防治方法。彻底消除中间宿主锥实螺。每立方米水体用硫酸铜0.7克，化水泼洒。

13. 蛭病　此病又叫蚂蟥病。水蛭牢固地吸附于鳝鱼体，吸取黄鳝的血液为营养，而且破坏寄生处的表皮组织，引起细菌感染。

（1）症状。患病黄鳝活动迟钝，食欲减退，影响生长。据观察，一条黄鳝的体表可寄生水蛭10多条，多的甚至超过100条。在水蛭病发的养殖池中，常发现黄鳝死亡。

（2）防治方法。25千克水加2.5克90%晶体美曲膦酯溶液侵洗10～15分钟，使用安全，效果好。或每立方米水体用高锰酸钾5克，浸泡病鳝半小时。或用老丝瓜瓤浸入鲜猪血中，待猪血灌满瓜瓤并凝固时，即放入水中，30分钟后，取出瓜瓤即可诱捕大量水蛭。如此反复多次即可捕净。

14. 发烧病　多发生于高密度养殖，或高密度运输，且时间长。

（1）症状。黄鳝焦躁不安，相互缠绕，造成大批死亡。死亡率可达 90%。

（2）防治方法。鳝池内可混养少量的泥鳅，吃掉残饵，并通过泥鳅上下窜，防止黄鳝相互缠绕。黄鳝发病后，立即更换新水。在运输前先经蓄养，勤换水，使黄鳝体表泥沙及肠内容物除净，水温 23～30℃情况下，每隔 6～8 小时彻底换水 1 次，或每隔 24 小时，在水中施放一定量的青霉素，用量为每 25 升水放 30 万单位，能收到较好效果。

# 第五章 黄颡鱼池塘健康养殖技术

## 第一节 概 况

### 一、分类与分布

黄颡鱼（*Pelteobagrus fulvidraco*）属鲶形目，鲿科，黄颡鱼属。俗称：黄姑、黄腊丁。在长江、珠江、黑龙江流域的江河相通的湖泊等水域中均有分布，均能形成自然种群。

### 二、养殖现状与前景

黄颡鱼是我国淡水水体分布较广的小型经济鱼类，其肉质细腻、味道鲜美、营养丰富，是餐桌上的美味佳肴。过去市场上的黄颡鱼主要来源于湖泊、水库、河流等自然水域，但由于天然产量逐年下降，市场需求量不断增大，特别是韩国市场的需求（商品鱼出口），极大地刺激了养殖业的发展。我国黄颡鱼大规模养殖有 10 余年的历史，养殖较为发达地区主要是湖北、四川、辽宁、江苏和浙江等。黄颡鱼的苗种生产已由采捕天然苗种向人工催产孵化、大规模培育苗种方向发展，人工繁殖和育苗技术日趋成熟，多地先后建起了黄颡鱼良（原）种场，开展了选种育种、人工诱导多倍体育种和性别控制等研究，以改善黄颡鱼的品质。黄颡鱼的商品鱼饲养方式主要有池塘养殖、网箱养殖和稻田养殖，其中池塘精养是黄颡鱼商品鱼主要生产方式，高产典型亩产超过了800千克。黄颡鱼池塘精养模式、营养需要和配合饲料、鱼病防治等取得了成功，为黄颡鱼大规模人工养殖奠定了基础。

## 第二节　生物学特性

### 一、形态特征

黄颡鱼体长，腹平，体后部稍侧扁，头大且平扁，吻圆钝，口大，下位，上下颌均具绒毛状细齿，眼小，须4对，大多数种上颌须特别长，无鳞。背鳍和胸鳍均具发达的硬刺，刺活动时能发声，胸鳍短小。体青黄色，大多数种具不规则的褐色斑纹；各鳍灰黑带黄色，为江河、湖泊中常见鱼类，尤以长江中、下游湖泊为多。

### 二、生态习性

1. *栖息*　黄颡鱼多在静水或江河缓流中活动，营底栖生活。白天栖息于水底层，夜间则游到水上层觅食。对环境的适应能力较强，在不良环境条件下也能生活。该鱼属温水性鱼类，幼鱼多在江湖的沿岸觅食，生存温度0～38℃，最适生长25～28℃，繁殖适温22～26℃。适应pH值范围6.0～9.0，最适pH值为7.0～8.4。黄颡鱼耐低氧能力一般，溶氧≥3.0毫克/升时摄食和生长正常，<2.0毫克/升浮头，<1.0毫克/升窒息死亡。要求氨氮≤1.0毫克/升，亚硝酸盐≤0.1毫克/升，COD≤50.0毫克/升。黄颡鱼生性胆小，水清或与其他鱼类混养时，常集

群躲在水底或遮蔽物下。

2. 食性　黄颡鱼是以肉食性为主的杂食性鱼类。觅食活动一般在夜间进行，食物包括小鱼、虾、各种陆生和水生昆虫（特别是摇蚊幼虫）、小型软体动物和其他水生无脊椎动物。其食性随环境和季节变化而有所差异，在春夏季节常吞食其他鱼的鱼卵，到了寒冷季节食物中小鱼较多，而底栖动物逐渐减少。规格不同的黄颡鱼食性也有所不同，黄颡鱼体长为 3 厘米以下时，其摄食方式以滤食为主；体长在 3～6 厘米时，其摄食方式是吞食和滤食并存；体长在 7 厘米以上时，则摄食方式主要为吞食。在体长 1.5～3.5 厘米这一阶段，主要摄食浮游动物（轮虫、枝角类、桡足类）、摇蚊幼虫及其无节幼体、水蚯蚓等。当体长达到 4 厘米左右时，即可开始转入以摄食人工饲料为主，同时还少量摄食一些较大的水生、陆生生物，如水陆生昆虫、大型浮游动物、水蚯蚓、甲壳动物、有机碎屑等。

3. 生长　黄颡鱼为小型鱼类，生长速度较慢。天然种群当年鱼体重 3～5 克，2 龄鱼多在 50～100 克。黄颡鱼生长雌雄差异显著，2 龄雄鱼体重可达 150～300 克。黄颡鱼雄鱼一般较雌鱼大，1～2 龄鱼生长较快，以后生长缓慢，5 龄鱼也只有 250 毫米左右。

4. 繁殖　在自然界，雌雄比例大致为 1：1.2。黄颡鱼 2～4 冬龄达性成熟，在 4～6 月水温在 20～30℃才开始产卵，是产卵较晚的鱼类之一。黄颡鱼具有筑巢产卵保护后代的习性，产卵时选择有水草的沙泥质浅滩建造鱼巢，每个穴径约为 15 厘米，深为 10 厘米，产卵受精于穴内，雄鱼于穴口保护鱼卵孵化，守护到仔鱼能自行游动为止（7～8 天）。成熟卵径 1.7 毫米，受精卵为黄色、黏性、沉于巢底或黏附在巢壁的水草须根等物体上发育。黄颡鱼的怀卵量与体长、体重有关，据统计：体重 100 ~ 150 克的黄颡鱼怀卵量 1 850 ~ 6 895 粒。一般平均为 3 000 ~ 5 000 粒 / 尾。繁殖期间，雌、雄鱼有明显区别，雄鱼肛门后有一明显的生殖突，雌鱼无此标志。黄颡鱼的受精卵为沉性，圆扁形，淡黄色，黏性较强。在水温 25℃时，经 72 小时左右即可孵出鱼苗。

## 第三节　池塘健康养殖技术

### 一、池塘条件

#### （一）池塘选择

黄颡鱼对池塘虽无严格的要求，但为了有利鱼的生长、发育和饲养管理，在选择池塘时，要求交通便利、池底平坦、硬底质、保水性能好。注排水方便、水源充足、水质清新无污染、排灌方便，一般主养池塘面积为 3 ~ 5 亩，水深以 1.5 ~ 2.0 米较为理想，最好不选淤泥厚的老化池塘。每个池塘都须有可控制的进、排水口，并配备 1 台 1.5 千瓦 ~ 3.0 千瓦的增氧机。

#### （二）池塘清整

池塘必须每年清塘 1 次，清除池塘中的野杂鱼，杀死敌害生物和病原体，改良池塘的水质。如果是老塘，则要清除池塘底部的淤泥。作为养殖黄颡鱼的池塘，不论是新开挖的池塘还是老塘，在下池前都要进行池塘消毒。池塘清塘消毒较常用的药物有生石灰、漂白粉。

1. 生石灰清塘　方法主要有两种，即干法清塘和带水清塘。干法清塘的方法是：先将池中的水放干，或留有水 6 ~ 9 厘米深，然后施用生石灰清塘。清塘时，每亩用生石灰 50 ~ 60 千克。操作时，先在池底挖几个小坑，再把生石灰放入挖好的小坑中乳化，不待生石灰冷却，立即均匀地全池遍洒。用生石灰清塘后，一般经过 7 ~ 8 天药力消失，即可放鱼。带水清塘的方法是：池塘留有水深 1 米时，每亩施用生石灰 130 ~ 150 千克。操作时，先将生石灰放入木桶或水缸中乳化，乳化之后立即全池遍洒。此种方法清塘可以不必加注新水，能有效防止野杂鱼类、病虫害及可能随水进入池塘内的虫卵，其防病效果比干法清塘更好，但带水清塘时生石灰的用量比较大，成本比较高。

2. 漂白粉清塘　用漂白粉清塘的操作方法是：将漂白粉加水溶化后，立即用木瓢全池遍洒，然后用船划动池水，使药物在水中均匀分布，发挥药效。施用漂白粉后，一般 4 ~ 5 天药效即可完全消失。漂白粉有很强的杀菌、抑菌作用，防病效果接近生石灰。用漂白粉清塘时，漂白粉的用药量较少，药力消失快，有利于池塘的周转利用。

## 二、池塘主养

1. 鱼种放养　投放的苗种要求无病无伤，体质健壮，规格基本一致，一般尾重 15 克左右。放养期 3~4 月份，每亩放养 5 000 ~ 7 000 尾；同时每亩套放尾重 100 克左右团头鲂鱼种 100 ~ 150 尾、尾重 50 克的鲢、鳙鱼种 50 ~ 80 尾。搭配品种不宜用鲤、鲫、罗非鱼等杂食性的底层鱼类，这些鱼类的生活习性与黄颡鱼大致相当，混养这些鱼类会跟黄颡鱼争夺饵料和栖息环境，影响黄颡鱼的生长。鱼种放养时用3%～5%食盐水浸洗消毒，以杀灭鱼体表的细菌和寄生虫。鱼种下塘前，鱼篓内水温与放养池水的温差不超过3℃。

2. 饲料投喂　黄颡鱼为偏动物食性的杂食性鱼类，精养高产的前提是投喂粗蛋白含量35%～40%的专用黄颡鱼饵料，并做到科学喂养。尾重20克以前，用鱼肉拌粉状配合饲料，加水捏成团状投喂；尾重20～50克，投喂粒径1.5毫米，（或破碎料）；尾重50克以上，改投粒径2.5毫米配合饲料。养殖期间严格做到“四定”投饲：一是定点：饲料要投喂在食台上或附近，不要满塘随意投喂，也不要随鱼群变动位置。二是定时：每天上午9～10点喂日投饵量的1/3，下午4～5点喂2/3，每次喂30分钟，并按“慢、快、慢”的节奏投饲，避免养分流失。三是定量：日投饵量随水温变化和鱼的生长适时调整，日投饲率为3%～8%，一般以投饲后1小时大部分鱼吃饱离开食台为度。四是定质：确保饲料新鲜不变质，在价格合理的前提下，选择蛋白含量高、营养均衡、适口性和稳定性好的优质饲料，正常情况下饲料系数为2.5左右。滨湖地区野杂鱼资源丰富，可拌喂冰鲜鱼肉，以降低饲养成本。

3. 日常管理　坚持早、中、晚三次巡塘，认真观察鱼类活动、摄食与生长情况，发现问题及时处理；经常注入新水，防止水质恶化，还可防止鱼体发病和产生浮头现象。最好每隔10天注入新水20～30厘米。

4. 水质管理　黄颡鱼喜清水，要求池水溶氧达5毫克/升，由于精养塘密度大，且大量投喂高蛋白饲料，排泄物及残渣易恶化水质，导致缺氧浮头，甚至泛塘。养殖期间一方面要定期冲注新水、更换老水，确保水质肥、活、嫩、爽；另一方面要合理使用增氧机，充分利用其搅水、曝气、增氧功能，避免池水富营养而导致低溶氧综合征，由于长期投饲，池塘水质会逐渐变化至呈弱酸性，这对黄颡鱼生长不利，可以通过合理的使用药物，调节池水的 pH 值在 7.0 ~ 8.4 之间。调节池水水质的药物多为生石灰，一般为每半月左右用 1 次，每次用量为 15 ~ 25 千克 / 亩。

5. 注意事项　鱼种在放养、捕捞、计数、运输时的操作要轻，使用的工具要光滑，避免碰伤鱼体。黄颡鱼对常用水产药物忍受能力不及四大家鱼，这是由于黄颡鱼是无鳞鱼的缘故，因此，对黄颡鱼用药一定要严格控制用量，防止黄颡鱼因中毒而死亡。黄颡鱼对硫酸铜、美曲膦酯等药物比较敏感，尤其要慎用。出塘根据规格大小、市场行情来定，一般在 100 克以上便可上市。

## 三、池塘混养

鱼池中混养黄颡鱼具有以下优点：一是可以摄食池中低值小杂鱼虾、鱼类残饵、有机碎屑、浮游动物等，提高鱼池净产量。二是黄颡鱼摄食水体中锚头鳋等寄生虫，可以减少鱼病的发生。三是在不影响主养品种产量的基础上，每亩增产黄颡鱼 7.5 千克 ~ 10 千克，亩增效益在 150 元以上。

1. 成鱼池混养　养殖四大家鱼的鱼池和主养吃食性鱼类（如鲤、鲫鱼、罗非鱼等）鱼池均可混养黄颡鱼。鱼池面积 10 ~ 20 亩，水深 2 ~ 2.5 米；水源充足，水质良好，注排水方便。一般亩放黄颡鱼 400 ~ 500 尾，规格 3 ~ 4 厘米 / 尾，可亩增产黄颡鱼 7.5 ~ 10 千克。

2. 亲鱼池混养　亲鱼池混养不仅可以充分利用池塘的水

体空间，提高鱼池利用率，而且黄颡鱼可以摄食池中的一些争食耗氧的小型野杂鱼类。人工繁殖结束后，每亩放养黄颡400～600尾，规格2～3厘米/尾，可亩增产黄颡鱼8～10千克。

3. 成蟹池混养　蟹池混养黄颡鱼，可以充分利用蟹池中天然饵料生物资源。一般蟹池面积30～50亩，水草覆盖率在50%左右，蟹种放养后，亩放养黄颡鱼300～500尾，规格3～5厘米/尾，可亩增黄颡鱼7.5～10千克。

4. 注意事项　无论采用何种混养方式，在养殖管理中须注意如下事项：

(1) 保持水体中有较高的溶氧。黄颡鱼对池水溶氧要求较高，故混养时要求水质清新、溶氧充足。生长季节要适时加注新水，高温季节要勤换水。

(2) 保持合理的放养密度和放养规格。根据水体饵料生物量，科学合理确定混养比例和放养规格。一般水体以混养300～600尾为宜，放养规格为3～4厘米/尾。若密度过大，规格过小，则年底达不到上市规格。

(3) 鱼池混养黄颡鱼后不宜混养其他肉食性鱼类，淡水沼虾、淡水螯虾的养殖池中不宜混养黄颡鱼。

(4) 养殖过程中，如发现黄颡鱼生长缓慢，说明鱼池中天然饵料生物量不足，可适当补放小杂鱼虾、家鱼夏花或投喂人工配制的专用黄颡鱼饵料。投喂人工饵料时，应先喂主养品种(投入浅水区)，后喂黄颡鱼(投入深水区)。黄颡鱼有昼伏夜出的生活习性，投饵应以夜间为主。

(5) 蟹池中混养黄颡鱼，因河蟹、黄颡鱼在生态上处于相同的水层位置，容易引起两者生态位置竞争。因此，蟹池中必须保持充足的天然饵料生物，否则影响黄颡鱼饲养效果。可事先在蟹池中每亩投放螺蛳 300～400 千克以及部分怀卵的鲫鱼、抱卵的青虾，让其自然繁殖，供河蟹、黄颡鱼摄食。

## 四、捕捞与运输

### （一）捕捞

在河流、湖泊大水面中捕捞黄颡鱼以刺网、地笼为主，池塘养殖以拉网和干池为主。

### （二）运输

黄颡鱼的运输方法有帆布桶运输、帆布捆箱运输、塑料袋充氧运输等。黄颡鱼由于个体较小，胸鳍和背鳍上的硬刺较坚硬，在进行大规模运输时，容易互相刺伤。在利用尼龙袋充氧运输时，也往往容易将尼龙袋扎破，造成运输失败。池塘中饲养的黄颡鱼在转运之前的 1～2 天应进行拉网锻炼，并停止投饲，以增强体质，减少在运输途中的粪便、黏液等排泄物对水质的污染。从江河、湖泊、水库等天然水域中捕捞的黄颡鱼，最好经过池塘、网箱或暂养池的暂养，待体质恢复后再进行运输，这有利于提高运输过程中的成活率。

黄颡鱼运输时要注意以下事项：①运输水温以 6～15℃为宜。运输时水温过高，可加少量的冰块或井水进行降温，但温差不能超过 5℃；如果运输期间白天气温高时，运输时间可安排在清晨或傍晚进行。运输黄颡鱼的用水，一定要清新、溶氧含量高，在运输途中最好能加换一部分新水。利用塑料袋运输时，要注意防止塑料袋漏气。②应尽量避免黄颡鱼受伤。在装卸时，操作一定要小心，以避免使鱼体受伤。受伤的黄颡鱼，在到达目的地时，应进行鱼体消毒之后才能下池。有条件的可以在黄颡鱼到达目的地后，将其放入专门的暂养池中暂养一段时间，待体质恢复后再下池。

# 第四节　病害防治

## 一、预防措施

在黄颡鱼常见疾病的控制过程中，要坚持“以防为主，防重于治”的方针，切实做好预防措施。

主要防控措施：①彻底清塘，严格消毒。②苗种放养时，要用食盐等药物浸浴消毒。③放养体质健壮、无病害的苗种。④投喂新鲜、优质饲料，坚持“四定”、“四看”投喂方法，不施用未经过发酵的粪肥。⑤加强水质管理，定期注换水。⑥定期泼洒药物消毒水体与口服药物，坚持对活饵、饲料台、食场进行消毒。⑦发现鱼病，及时诊治。⑧应注意：黄颡鱼为无鳞鱼，对硫酸铜、高锰酸钾、美曲膦酯等药物比较敏感，尤其要慎用。

## 二、常见病害的诊断与治疗

近年来随着黄颡鱼集约化养殖程度的提高，养殖病害呈上升趋势，危害不断加大。下面介绍几种常见病害的治疗方法。

1. 机械损伤

(1) 症状。由于黄颡鱼喜集群生活，其胸鳍和背鳍长有硬棘，在生产操作和运输中易造成鱼体皮肤擦伤、裂鳍等机械性损伤，继发细菌感染和霉菌感染，并以烂鳍和生长水霉为主要症状。

(2) 流行情况。主要为网箱分养操作及大规格鱼种长途运输后受伤。

(3) 防治方法。在拉网锻炼、运输中要细心操作。出苗时，暂养网箱时间不要过长，并尽可能降低暂养箱的放养密度。运输用水中可以适量添加土霉素，鱼种入池或入网箱前要用低浓度高锰酸钾或3%食盐水溶液浸洗消毒。

2. 出血性水肿病

⑴ 症状。由细菌感染引起。病鱼体表泛黄，黏液增多；咽部皮肤破损充血呈圆形孔洞；腹部膨大，肛门红肿、外翻；头部充血，背鳍肿大，胸鳍与腹鳍基部充血，鳍条溃烂，甚至腹部自胸鳍到腹鳍纵裂，胆汁外渗。腹腔淤积大量血水或黄色冻胶状物，胃肠内无食，胃苍白，肠内充满黄色脓液，肝脏土黄色，脾脏坏死，肾脏上有霉黑点。该病在苗种或成鱼养殖期间危害最大，尤其在苗种培育过程中较为流行，死亡率高达80%。高温季节，该病易暴发且来势猛，蔓延快。

⑵ 防治方法。养殖过程中，应密切注意水质情况，保持良好的环境条件，溶解氧含量保持在5毫克/升以上；适当降低鱼苗的放养密度；疾病发生后，每天进行水体消毒1次，连续3天。在投喂鱼肉浆时，每天应在饵料中添加1%食盐。

3. 水霉病

⑴ 症状。由水霉菌感染引起。水霉菌初寄生时，肉眼看不出症状，当肉眼能看到时，菌丝已侵入伤口且向内外生长与蔓延扩散，呈似灰白色的棉絮状附着物，病鱼游泳失常，焦躁不安，失去食欲，瘦弱而死。若鱼卵上布满菌丝，则变成白色绒球状，霉卵成为死的鱼卵。严重危害孵化中的鱼卵和体表带有伤口的苗种和成鱼。此病在水温低时最易发生，多因在拉网、分箱、运输过程中操作不当引起。

⑵ 防治方法。在捕捞、运输和放养过程中，尽量避免鱼体受伤，并掌握合理的放养密度。鱼种下塘前，用浓度为2%～3%

的食盐水溶液药浴消毒，全池泼洒亚甲基蓝，使池水达到 2 毫克 / 升浓度，2 天后再泼洒 1 次。受精卵在孵化前要进行严格消毒，水温最好控制在 26 ~ 28℃，孵化过程中还要对受精卵进行再次消毒。

4. 肠炎病

(1) 症状。由点状产气单孢杆菌感染引起。病鱼腹部膨大，肛门红肿，轻压腹部则肛门有黄色黏液流出。剖开鱼腹，患病较轻的鱼体食道和前肠充血发炎，严重者全肠发炎呈浅红色，血脓充塞肠管。病鱼离群独游，活动迟缓，食欲减退。肠炎病主要危害鱼种和成鱼。病菌感染可能来源于养殖水域的底层淤泥，鱼体摄食的浮游动物、水蚯蚓以及人工配合饲料中的鱼肉浆也有可能携带该病菌。流行高峰多发生在水温为 25 ~ 30℃时。

(2) 防治方法。池塘要彻底清塘消毒。不投喂霉变腐败的饲料，活饵应用 2% ~ 3%食盐溶液消毒，并定期在饲料中添加 1%食盐或 0.1%鲜大蒜汁进行投喂。全池泼洒每立方米 0.5 克二溴海因。

5. 车轮虫病

(1) 症状。由车轮虫寄生引起。病鱼焦躁不安，严重感染时病鱼沿塘边狂游，呈“跑马”现象；镜检可见大量车轮虫寄生于鱼体的鳃丝和皮肤黏液上。主要危害黄颡鱼鱼苗、鱼种，多发生于春末秋初。

(2) 治疗方法。全池泼洒每立方米 0.7 克硫酸铜和硫酸亚铁合剂（5：2），或用苦楝树叶 30 千克 / 亩煎煮后用汤汁全池泼洒。

6. 小瓜虫病

(1) 症状。由多子小瓜虫寄生引起。在病鱼的体表肉眼可见小白点，严重时体表似覆盖了一层白色薄膜。镜检鳃丝和皮肤黏液，可见大量小瓜虫。多子小瓜虫的繁殖适温为15 ~ 25℃，流行于春秋季。当过度密养、饵料不足、鱼体瘦弱时，鱼体易被小瓜虫感染。

(2) 治疗方法。用每立方米 50～60 克甲醛浸洗鱼体 10～15 分钟，同时，发病鱼池亦用甲醛消毒。全池泼洒每立方米 2 克亚甲基蓝，连续数次，每天 1 次。

7. 锚头蚤病

(1) 症状。由锚头蚤寄生引起。发病初期，病鱼呈急躁不安、游动迟缓、鱼体消瘦等现象。寄生部位充血发炎，肿胀，出现红斑。肉眼可见锚头蚤寄生。4～6 月是流行季节。

(2) 治疗方法。用 90%晶体美曲膦酯全池泼洒，使池水浓度为每立方米 0.3～0.4 克，疗效显著。

8. 营养性疾病

(1) 症状。饲料中的营养成分过多或过少，饲料成分变性或能量不足，均会引起黄颡鱼的营养性疾病。常见症状有脂肪肝病、维生素缺乏症等。病鱼肝脏肿大，肝脏颜色粉白或发黄，胆囊肿大，胆汁发黑，胰脏色淡。病鱼零星死亡。

(2) 防治方法。改进饲料配方，提高饲料质量，适当增加饲料中维生素和无机盐的用量。

# 第六章 小龙虾健康养殖技术

## 第一节 概 况

### 一、分类与分布

小龙虾又称淡水龙虾，学名克氏原螯虾（*Procambarus clarkii*）。在分类学上属节肢动物门、甲壳纲、十足目、螯虾科、原螯虾属。原产北美墨西哥北部和美国南部，20 世纪初从美国传入日本，20 世纪 30 年代从日本传入我国，现广泛分布于世界上五大洲 30 多个国家和地区。该虾在我国分布于东至台湾，西至新疆，南至海南，北至黑龙江的 20 多个省、市、自治区，特别是在长江中、下游地区，生物种群量较大，是我国小龙虾的主产区。

### 二、养殖现状与前景

小龙虾是世界上分布最广、养殖最多、产量最高的淡水虾类，其人工养殖在上世纪 70 年代已在国外普遍开展，少数国家现已研究强化养殖和规模化养殖。受国际上淡水螯虾养殖高潮的影响，从 90 年代开始全国各地纷纷开展人工养殖，尤其是湖北省养殖面积和产量大幅度提高。正是这种人类养殖活动，使得该虾自然分布不断扩大，产量不断增加，到 2009 年仅湖北省虾产量 24.5 万吨，全国总产量在 40 万吨以上。随着养殖面积不断扩大，我国已超过美国成为世界上出产小龙虾最多的国家，已经成为淡水小龙虾出口大国。因此，小龙虾养殖市场前景十分广阔。

## 第二节 生物学特性

### 一、形态特征

从形态结构上看，小龙虾体表无明显棘状物，头胸部有 13 个体节，腹部有 7 个体节，体表覆盖有几丁质甲壳。双肢型附肢，1 对螯肢，这对螯肢也就是第一对步足，另外 4 对步足不如第一对强大。大触角 1 对，小触角 2 对，在腹部有游泳足 4 对，分别生于第 2 至第 5 腹节，尾部和第 6 腹节的尾足演变成尾柄。头胸部外被头胸甲，前方有额剑。雄虾在第 5 对步足基部有 1 对生殖突，其中间有生殖孔。雌虾在第 3 对步足基部有 1 对生殖孔，较明显。雌虾比雄虾个体小，小 1/4 ~ 1/3。体色变化与光照强度有很大关系，在池水肥度适宜、透明度 30 ~ 50 厘米的情况下，虾体色较鲜艳，体色为蓝绿色；在池水透明度大、光照很强的情况下，虾体色较深，偏向于褐色，体色为绿褐色。养殖时为了得到鲜艳的体色，一定要控制好水体的透明度。

### 二、生态习性

1. *栖息习性* 小龙虾虾喜荫怕光，常栖息于沟渠、坑塘、湖泊、水库、稻田、沼泽、池塘等水域，营底栖生活；食物较为丰富的静水沟渠、池塘和浅水草型湖泊中较多，特别是腐殖质较多，有较多的水草、树根或石块等隐蔽物且水位较为稳定的水体中分布较多。

2. 生活特性

(1) 掘洞性。小龙虾掘洞能力较强，经常在堤岸处掘洞穴。洞穴的深浅、走向与水体水位的波动，堤岸的土质及该虾的生活周期密切相关。在小龙虾的繁殖期和水位升降幅度较大的水体，掘洞较深；在小龙虾的越冬期和水位稳定的水体，所掘洞穴较浅；在生长期，小龙虾很少不掘洞。洞穴最长的可达 100 厘米，直径可达 9.2 厘米。因此养殖池埂应有一定的宽度，以防小龙虾将池埂打穿。

(2) 夜行性。小龙虾为夜行性动物，白天常潜伏在水体底部光线较暗的角落、石块旁、草丛或洞穴中，夜晚出来摄食，所以养殖投喂和观察应在傍晚或晚上进行。

(3) 攀爬性。小龙虾有较强的攀援能力和迁徙能力，在水体缺氧、缺饵、污染及其他生物、理化因子发生骤烈变化而不适的情况下，常常爬出水面进入另一水体。如下雨时，特别是下大雨时，该虾常爬出水体外活动，从一个水体牵涉到另一个水体。该虾喜逆水，常顶水上溯，且逆水上溯的能力很强。因而养殖小龙虾，防逃非常重要。

(4) 争斗性。小龙虾的争斗性较弱，敌害却很多。水蛇、爬行类、黄鳝及凶猛鱼类、鲤鱼、草鱼、水老鼠及鸟类都会对小龙虾造成很大威胁，因而养殖小龙虾自始至终都要防敌害。加水时一定要用 20 目以上的密网袋过滤进水，以防敌害生物进入。

3. 生态要求　小龙虾对环境的适应能力很强，但喜欢水质清新，溶氧量高的水体。水体溶氧要保持在 3 毫克 / 升以上。

其适温范围为1～37℃，最适温度范围为17～31℃，受精卵孵化和幼体发育水温在24～28℃为好；最适pH值为6.5～8.0。

小龙虾对重金属、某些农药如美曲膦酯、菊酯类杀虫剂非常敏感，对某些重金属有富集作用。因此养殖水体应符合渔业水质标准，严禁使用有毒、有害和对环境有危害的化学药品及添加剂。使用农药和化学药品，一定要考虑药品的残留问题，要按照无公害养殖标准的要求养殖，并适时进行检测。

4. 食性　小龙虾食性很杂，特别喜食多汁肥嫩的水生植物如水葫芦、水浮莲等，并且喜食昆虫成体或幼体、蚯蚓、螺、蚌等动物性食物，对人工投喂的各种植物、动物下脚料及人工配合料也喜食。小龙虾的摄食能力很强，且有贪食、争食的习性，饵料不足或群体过大时，会有相互残杀的现象发生，尤其会出现硬壳虾残食软壳虾的现象。

5. 生长　小龙虾生长速度较快，春季繁殖的虾苗经2～3个月的饲养，可达到商品虾规格。它是通过蜕壳实现生长，蜕壳的整个过程包括蜕去旧甲壳，个体由于吸水迅速增大，然后新甲壳形成并硬化。在生长过程中有青壳虾和红壳虾，青壳螯虾是当年生的新虾，一般出现在上半年，池水深、水温低的水体较多，通常经过夏天后大部分为红壳螯虾。虾蜕壳与水温、营养及个体发育阶段密切相关，幼虾一般3～5天蜕壳一次，以后逐步延长蜕壳间隔到30天左右，如果水温高、食物充足，则蜕壳间隔时间短。

6. 繁殖习性　小龙虾产卵有2个高峰期，分别为5月左右、9～10月，水温22～25℃时，胚胎发育的时间为25～33天。

（1）交配与产卵。在自然水域中产卵行为大多在洞穴中进行，刚产出的虾卵呈淡黄色，直径1.5～2.5　毫米，随着胚胎发育的进展，受精卵逐渐呈棕褐色，未受精的卵逐渐变为混浊白色，脱离虾体死亡。每次产卵通常在 300 ~ 500 粒，最多可达 1 500 粒以上。

⑵ 孵化。虾的胚胎发育时间较长，水温为 8 ~ 20℃时，需 30 ~ 40 天，水温过低时孵化期可达 2 个月。刚孵出的仔虾即近似成虾，但体色较淡，呈橘黄色，其幼体发育期大多在受精卵中度过。亲虾有护幼习性，幼虾一般在母虾的周围活动，一旦受到惊吓会立即重新附集到母体的游泳足上躲避危险。仔虾蜕壳 3 次后，幼虾离开母体独立生活。

## 第三节　主要养殖模式

### 一、虾稻轮作

虾稻轮作是利用稻田环境，辅以人为措施，既种稻又养虾，提高稻田单位面积生产效益，可使稻田少施化肥、少喷农药，节约成本。具有投资少、见效快、收益大等优点，是实现稻虾双丰收的一种有效模式。

#### （一）田间工程建设

1. 稻田选择　应选择靠近水源、水质良好、水量充足、周围没有污染源、保水能力较强、排灌方便、天旱不干、山洪不冲的田块。以壤土为好，要求田埂厚实，田面平整，周围没有高大树木。

2. 田间工程　包括田埂加固、进排水口的防逃设施、环沟、田间沟、暂养小池、遮阴棚等。

⑴ 开挖养虾沟。沿稻田埂内侧四周开挖沟宽4~6米，深0.8~1米，坡比1∶2.5的环形沟。面积较大的田块，田中间开挖“田”、“井”字形田间沟和增设几条小埂为管理水稻之用。田间沟宽1~2米，深0.5~0.6米，约占稻田面积20%左右。

⑵ 加高田埂。利用开挖养虾沟的泥土将田埂加宽1~1.5米，加高0.5~1米，田埂加固时要进行夯实，防止以后雨水冲刷使田埂坍塌。

⑶ 建防逃墙。田埂四周用塑料薄膜或钙塑板建防逃墙，下部埋入土中20~30厘米，上部高出田埂70~80厘米；每隔1.5米用木桩或竹竿支撑固定。既防虾攀爬、打洞外逃，又防陆地的老鼠、蛇、青蛙等敌害进入。

⑷ 进排水口要用铁丝网或栅栏围住，防止虾逐水外逃。

⑸ 遮阴避暑。在离田埂1米处，每隔3米打一处1.5米高的桩，用毛竹架设，在田埂边种瓜、葫，待藤蔓上架后，能在炎夏起到遮阴降温的作用。

### (二) 苗种放养

1. 放养前的准备工作

⑴ 清沟消毒。放苗前10~15天每亩稻田的养虾沟用生石灰50~75千克进行彻底清沟消毒，以杀灭野杂鱼类、敌害生物和致病菌。

⑵ 施足基肥。放苗前7~10天，向田沟中注水50~80厘米，每亩施复合肥50千克，碳铵50千克；施有机肥500~800千克，一次施足，用于培育饵料生物。

⑶ 移栽水生植物。虾沟内栽植轮叶黑藻、马来眼子菜等水生植物，或在沟边种植蕹菜、水葫芦等，水草占沟面积的10%左右，以零星分布为好，有利于沟内水流畅通无阻，能及

时对稻田进行灌溉。

2. 虾苗放养 放养方法有以下几种：一是每亩放亲虾20～50千克自行繁殖，让繁殖孵化出来的幼体能直接摄食稻田水中的浮游生物。二是每亩直接投放幼虾1.5万～3万只。三是7~9月份每亩投放稚虾1.5万～2万尾。苗种放养时，同一田块一次放足同一规格的虾苗虾种，放养前用浓度为3%左右的食盐进行浸洗消毒，消毒时间宜控制在3～5分钟为宜。

### （三）水稻栽插

水稻选择优质、高产、耐肥力强、不易倒伏，特别是病虫害少的品种，尽量减少水稻在生长期间的施肥和喷施农药的次数。在5月底6月初秧苗种插完后，稻田水深控制在8～10厘米一周时间左右，保证秧苗成活和虾苗活动。

### （四）饲料投喂

在投饲上宜选择价廉物美的饲料源，以减少饲料成本开支。在当年的9、10、11月份和来年的3月份，每个月投一次水草，施一次腐熟的农家肥，每天投喂一次饲料。饲料以鱼糜、绞碎的螺蚌肉及屠宰厂的下脚料等动物性饲料为主，以豆渣、麸皮为辅，也可投喂枝角类、桡足类。当水温低于12℃，可不投喂。冬季淡水小龙虾进入洞穴中越冬，到第二年的3月份水温回升后从洞穴出来。3～5月是养殖关键期，当水温上升到17℃以上，要加强投草、投饵，促进淡水小龙虾快速生长。水温在17～31℃，每半个月投放一次鲜嫩的水草100～150千克/亩，每周投喂2次鱼糜、绞碎的螺蚌肉1~5千克/亩，每日傍晚投喂一次饲料，如麸皮、豆渣、饼粕等。投喂量为虾体重的2%～4%。养殖后期，除按上述操作外，在每日傍晚的投喂中，还应增加投喂淡水小龙虾专用人工饲料，以加快小龙虾的生长。

### （五）田间管理

田间管理的工作主要是水稻晒田、施肥、用药和虾苗虾种暂养、水质调节、饲料投喂、种草、防逃防害等。

1. 水质调节　小龙虾要求pH值5.8～8.5、透明度25～35厘米。尤其炎夏应保持水质清新，溶氧充足。发现水位过浅或水质过肥，要及时注换新水，加水时要边排边灌，做到进排不急，温差不大，水位相对稳定。6月底每周换水1/5～1/4，7–8月每周换水3～4次，换水量为原田水的1/3左右。9月后每5～10天换水一次，每次换水1/4～1/3。暂养池、环沟每隔15～20天用生石灰泼洒一次，每次每亩5～10千克进行调节水质。

2. 投饲管理　遵循“四定”的投饲原则，投喂的饲料要新鲜，不投腐败变质的饲料。定期在饲料中加入光合细菌、免疫多糖、多种维生素等药物制成药饵投喂，适当增加动物性饲料的比例，增强虾的体质，减少疾病的发生。

3. 种草　在环沟、田间沟移栽如苦草、轮叶黑藻、水花生等水草，以供虾栖息、隐蔽蜕壳和炎夏遮光纳凉。饲养沟内水草的覆盖面以30%左右为宜，不能超过50%，水草过多，会因光照差，浮游生物少，水质过清，青苔及附着性藻类大量繁殖而影响成虾产量。

4. 日常管理　坚持每天巡田，检查进出水口筛网是否牢固，防逃设施是否损坏，汛期防止漫田，避免逃虾事故的发生。小龙虾敌害较多，如蛙、蟾蜍、水蛇、泥鳅、黄鳝、水鼠等，除彻底用药物清田外，进排水时要用40目纱网过滤。平时要清除田内敌害生物，例如水鼠较多时可采用鼠笼、鼠夹等方法进行清除。

## 二、池塘主养

### （一）放养前的准备

1. 清塘与施肥　在虾苗种放养前 15 天，每亩用生石灰 100 千克左右干法消毒，清除敌害生物及竞争生物，杀灭病原体，同时每亩施放 100～300 千克的腐熟有机肥堆于池塘四周培肥水质，然后进水 60 厘米，进水口用 40 目的筛绢网过滤，防止敌害生物、野杂鱼苗进入池中。

2. 水草栽种　水草种植面积一般占整个池塘面积的 1/3～1/2。主要品种有马莱眼子菜、伊乐草、金鱼藻、苦草等；四周移植水花生，可在离池埂 1.5～2 米处用绳围栏固定，还可以放养水浮莲、水葫芦等浮水植物。

3. 建防逃墙　池埂四周用塑料薄膜或钙塑板建防逃墙，下部埋入土中 20～30 厘米，上部高出池埂 70～80 厘米。每隔 1.5 米用木桩或竹竿支撑固定，既防虾攀爬、打洞外逃，又防陆地的老鼠、蛇、青蛙等敌害进入，进排水口要用铁丝网或栅栏围住，防止虾逐水外逃。

### （二）苗种放养

1. 苗种质量　苗种要求规格整齐，体质健壮、附肢齐全、体色呈淡青色或鲜红色、有光泽、无病无伤、活动能力强，对刺激反应灵敏。同一池塘放养的虾苗最好大小基本一致，放养时要求一次放足。

2. 放养方法　苗种放养时间应选择早晨或傍晚进行，避免水温相差超过 ±3℃。经过长途运输的苗种运至池边后让其充分吸水，排出头胸甲两侧内的空气，然后放养下池。具体做法是：将虾苗或虾种及包装一起放入池水中，让水淹没 2～3 分钟后提起，反复 2 ~ 3 次，再用 2% ~ 3%的食盐水洗浴 2 ~ 3 分钟，然后采取多点分散放养在池边，每个放养点要做好标记。第二天在各个放养点进行检查，发现有死亡要捞出秤重、过数，并及时进行补充。

3. 放养密度　放养密度要根据计划产量、成活率、估计成虾个体重量等来决定。根据经验，主养池塘一般放养虾苗种 1.5 ~ 2.0 万尾 / 亩。

**（三）饲养管理**

1. 水质管理　小龙虾长时间处于低氧和水质恶化的环境中，会影响其摄食率、蜕壳速率、成活率、病害发生率及养殖产量和品质，从而影响到养殖效益。水质管理要掌握“春浅、夏满和先肥、后瘦”的原则。

⑴ 水位控制：春季水位一般保持在 0.6 ~ 1 米之间，有利于水草的生长。水位低，水温易上升，幼虾的蜕壳生长就快。夏季水温较高时，水深可控制在 1.5 米，能降低池水温度，有利度夏。

⑵ 水质调节早春适当施肥，有利生物饵料和水草的生长，通常将早春池水透明度控制在 30 厘米，夏季透明度控制在 40 厘米以上。养殖前期每周加水或换水一次，每次升 5 ~ 30 厘米，高温季节每 2 ~ 3 天换水 1 次，每次换水 30 厘米，保持养殖水体“肥、嫩、活、爽”。养殖期间每隔 15 ~ 20 天泼洒一次生石灰水，用量为 10 千克 / 亩。

2. 投饲管理　饲料应以配合饲料为主，幼虾饲料蛋白质含量≥30%，成虾的饲料蛋白质≥26%，饲料溶散时间 5 小时以上。每日投喂 2 次，分别在 7:00 ~ 9:00 和 17:00 ~ 18:00。在春季和晚秋水温较低时，日投喂 1 次。日投喂量为池塘存虾量的 3 ~ 8%，以傍晚投喂为主，投饲量占日投量的 70%，饲料应多点散投，定点检查，宜把饲料投喂在岸边浅水处、池中浅滩和虾穴附近。

投饲注意事项：

(1) 小龙虾很贪食，即使在寒冷的冬天也会吃食，要早投饲料，尤其是冬季有留塘虾的池塘，最好在冬季也适当投饲。

(2) 饲料的质量影响成虾的品质，要适当投喂一些小杂鱼，以提高产品质量。

(3) 大批蜕壳时，投饲量要适当减少。

(4) 配合饲料要保持新鲜，通常饲料保存的时间应控制在3个月以内，时间过长一些维生素易损失。

**（四）日常管理**

1. 养护水草　水草既是小龙虾的栖息场所，也是它的饵料，同时能改善水质，起到遮阴降温作用。在早春水要浅、早施肥、早投饲，促进水草生长；夏天水草旺盛时要定期刈割，避免水草老化死亡引起水质变化。

2. 早晚坚持巡塘　巡塘时观察虾的生长、活动、摄食、蜕壳和死亡等情况，注意水质变化，定期测定水温、透明度、溶解氧、pH值等水化指标，发现问题及时解决。及时检查、维修防逃设施，遇到大风、暴雨天气更要注意，以防损坏防逃设施造成逃虾现象发生。

3. 做好档案记录　做好养虾生产过程中的苗种、饲料、渔药、饲料添加剂等投入品采购和出入库、苗种放养、饲料和饲料添加剂使用、水质检测、病害防治记录（包括处方人、药物名称和用药方法等内容）及其他化学品使用记录等，以便总结经验教训和提高养虾水平。

## 三、池塘混养

1. 混养池的选择　池塘面积 3 ~ 5 亩为好，要求池底平坦，淤泥较少，靠近水源，进排水方便，环境安静，生态条件较好，能保持水深 1 ~ 1.5 米，池塘坡度比为 1∶3，有条件的池塘四周应设有防逃设施。

2. 池塘清整与种草　利用生石灰、漂白粉等清塘能彻底杀灭敌害生物及寄生虫和致病菌等。池中种植少量水草，如轮叶黑藻、水花生、苦草、水葫芦等，种植水草面积以占水面的 30%为宜；也可在一边池埂保持一定数量的水草、树枝等隐蔽物作为小龙虾栖息、攀爬、蜕壳的场所。

3. 混养鱼类的选择　混养鱼类品种以鲢鱼、鳙鱼、异育银鲫等为主，不可选择鳜鱼、鲤鱼、大口鲶等肉食性和以底栖生物为食的品种，以免这些鱼吞食虾苗种，以水生植物为食的草鱼、鳊鱼等品种也不宜过多混养。

4. 混养比例及密度　投放的虾苗种规格应在 3 厘米以上，要求附肢健全，活动能力强。池塘中先放养混养鱼类，放养时间为 2 ~ 3 月份，4 ~ 5 月份投放虾苗种，放养密度为 4 000 ~ 6 000 尾 / 亩。

5. 饲料投喂　鱼虾混养既要考虑虾的摄食特性，又要兼顾鱼对饲料的需求。精料投放量较同密度单纯养鱼的投喂量略高即可，饲料按鱼类养殖要求的“四定”投饲原则进行投喂，小龙虾饥饿时可能自相残杀，也可能摄食幼鱼，因此投饲必须充足，以满足小龙虾和鱼类的摄食需要。

6. 日常管理　日常管理的重点是水质调节和病害防控。水质要保持“肥活嫩爽”，水体透明度 30 厘米左右，pH 值 7 ~

8.5，溶解氧 3～4 毫克/升以上。使用生石灰调节水质，增加水体中离子钙的含量，利于小龙虾蜕壳生长。在鱼虾的生长旺季，每 15～20 天施用一次，每次每亩用 10～15 千克的生石灰化成灰浆后全池遍撒。食场定期用生石灰、漂白粉进行消毒；在防治鱼类病虫害时，不能使用对虾有危害的药物，尤其在选用杀虫剂时，要特别注意不能选用含菊酯类的杀虫剂，防止保了鱼而死了虾。

## 四、捕捞与运输

### （一）捕捞方法

1. *稻田捕捞*　稻田经过 2 个月左右饲养，就有一部分小龙虾能够达到商品规格。将达到商品规格的成虾捕捞上市出售，未达到规格的继续留在稻田内养殖，以降低稻田中虾的密度，促进小规格的虾快速生长。捕捞工具可采用地笼网、虾笼、虾罾、迷魂阵等工具进行捕捞。方法是：将捕捞工具置于稻田沟内，每天清晨取一次虾。在 4 月中旬至 7 月中旬，采用虾笼起捕，效果较好。7 月下旬以后，小龙虾多打洞穴居，目前多采用徒手从洞中捕捉或药物驱捕。长期捕捞、捕大留小是降低成本、增加产量的一项重要措施

2. *池塘捕捞*　小龙虾由于个体生长发育速度差异较大，养殖过程中要及时捕大留小，稀疏存塘虾量，捕捞一般用地笼诱捕，地笼网目要 2 厘米以上，减少小虾的捕出率。在虾种放入 30～40 天后，就可开始捕捞规格达 10 厘米以上的成虾。捕捞期应根据市场需求情况和虾体规格而定。通常 6、7 月开始采用地笼等渔具进行捕捞，规格大的上市，小的放回池塘，一直持续到 10 月底。而鱼的捕捞则安排在次年元旦和春节前后为

宜。条件许可时，根据池塘情况可补放虾种，实行轮捕轮放，有越冬虾的池塘应在4月中下旬就起捕商品虾，以促进小虾的生长。捕捞时要轻、快，拣出的小虾要及时回塘。

**（二）运输**

1. 虾苗运输　小龙虾苗种通常用干法运输，即在虾苗箱或食品运输箱中放置水草以保持湿度，虾苗箱用钢筋框架外包聚乙烯网布制作，规格80厘米×40厘米×15厘米的长方形，一般每箱可装虾苗5~8千克。装运时在箱底放一层水草，然后再放虾苗，如果运输时间较长，中途要适时洒水。运输时要注意防晒、防风吹、防高温。高温季节运输，宜用空调车降温，运苗箱中不能直接放冰块降温。

2. 成虾运输　商品虾短途运输以分箱包装为主，每箱15~20千克，在温度较高时，上面置一层冰块降温；长途大批量应用保温冷藏汽车运输，小批量用食品运输箱发泡保温箱加冰密封运输。

## 第四节　病害防治

### 一、预防措施

小龙虾养殖病害发生率比较高，尤其是主养池塘，发病易造成小龙虾批量死亡。特别是在人工高密度养殖环境下，发病率和发病面积逐年上升，已严重影响了小龙虾的养殖产量和效益。其病害防治应立足于“无病先防、有病早治、以防为主、防治结合”的十六字方针。只有从提高小龙虾体质、改善和优化环境、切断病原体传播途径等方面着手，开展综合防治和推广健康养殖模式，才能达到防治病害发生的目的。

## 二、常见病害的诊断与治疗

1. 白斑综合征病毒病　白斑综合征病毒（WSSV）是迄今为止危害最为严重的一种病，成为目前小龙虾养殖业可持续发展的主要障碍之一。

（1）症状。①病虾活力低下，附肢无力，应激能力较弱，大多分布于池塘边。②病虾体色较暗，部分头胸甲等处有黄白色斑点。③解剖病虾可见胃肠道空，一些病虾、蟹有黑腮症状，部分肌肉发红或者呈现白浊样。④一般出现规格大的虾先死亡，以后逐渐死亡小规格虾。⑤该病在长江中下游地区的发病时间通常在4月下旬至7月上中旬。

（1）防治方法。①种苗在投放前还应用食盐水、高锰酸钾等对其体表进行消毒。如食盐水浸洗：采用1%～2%的食盐水浸洗虾种或亲虾5～10分钟再放入虾池养殖。②投足优质饲料让虾吃好，增强体质，提高抗病能力，降低翌年开春后病害的发生率。③在虾病流行季节期间定期用漂白粉、二氧化氯等泼洒全池，杀灭水中致病菌。④可用0.2%维生素C加1%的大蒜加2%强力病毒康，水溶解后拌饲料投喂。发病池塘可用0.3%的硫酸新霉素或诺氟沙星等抗生素拌饲料投喂，能控制病害的发展。⑤控制合理的放苗密度，加大捕捞量能控制病情进一步发展。⑥加强水质管理，定期泼洒生石灰或使用微生物制剂如光合细菌、EM菌等，调节池塘水生态环境。

2. 烂鳃病

（1）症状。病原为细菌。其症状主要表现为为病虾鳃丝发黑，局部霉烂。

(2) 防治方法。①经常清除虾池中的残饵、污物，注入新水，保持良好的水体环境，保持养殖环境的卫生安全，保持水体中溶氧在 4 毫克 / 升以上，避免水质被污染。②用漂白粉 2 毫克 / 升溶水全池泼洒，可以起到较好的治疗效果。

3. 黑鳃病

(1) 症状。此病主要是由于水质污染严重引起，鳃丝受霉菌感染，病虾鳃由红色变为褐色或淡褐色，直至完全变黑，鳃萎缩，病虾往往伏在岸边不动，最后因呼吸困难而死。

(2) 防治方法。①保持饲养水体清洁，溶氧充足，定期泼洒生石灰调节水质。②把患病虾用 3% ~ 5% 的食盐中浸洗 2 ~ 3 次，每次 3 ~ 5 分钟，或用 10 毫克 / 升亚甲基蓝溶水全池泼洒。

4. 烂尾病

(1) 症状。烂尾病是由于小龙虾受伤、相互蚕食或被几丁质分解细菌感染引起的。感染初期病虾的尾部有水泡，边缘溃烂、坏死或残缺不全，随着病情的恶化，溃烂由尾部边缘向中间发展，严重感染时，病虾整个尾部溃烂脱落。

(2) 防治方法。①运输和投放虾苗虾种时，不要堆压和损伤虾体。②饲养期间饲料要投足、投匀，防止因饵料不足相互争食或残杀。③发生此病，用茶粕 15 ~ 20 毫克 / 升浸泡液全池泼洒或生石灰 7.5 ~ 9.0 毫克 / 升溶水全池泼洒。

5. 纤毛虫病

(1) 症状。纤毛虫病常见病原有累枝虫和钟形虫等。纤毛虫附着在成虾和虾苗的体表、附肢和鳃上，大量附着时会妨碍虾的呼吸、活动、摄食和蜕壳，影响生长。尤其在鳃上大量附着时，影响鳃丝的气体交换，会引起虾体缺氧而窒息死亡。幼体在患病期间虾体表面覆盖一层白色絮状物，致使幼体活动力减弱，影响幼体的发育变态。

(2) 防治方法。①保持合理的放养密度，注意虾池的环境卫生，经常换新水，保持水质清新。②用3%～5%的食盐水浸洗病虾，3～5天为一个疗程，或者用25～30毫克/升的甲醛溶液浸洗4～6小时，连续2～3次。

6. 水霉病

(1) 症状。病原体由许多种真菌感染引起，其中主要为水霉属和绵霉属的种类。水霉病发生的主要原因是小龙虾受伤，导致真菌入侵感染。在捕捞、分养、转池以及运输等操作过程中使小龙虾受伤，则易被感染，未受伤的则一律不感染。患病初期症状不太明显，当症状明显时菌丝已侵入虾表皮肌肉，向外长出棉絮状菌丝，形成肉眼可见的“白毛”。病虾消瘦乏力，活动焦躁，摄食量下降，严重者导致死亡。

(2) 防治方法。①在捕捞、搬运、放养过程中，要小心操作，避免虾体损伤，放养密度要合理。②用1%～2%食盐水对病虾进行浸浴，效果较好。③用食盐和小苏打以400毫克/升全池泼洒。

# 第七章
# 中华鳖池塘生态健康养殖技术

## 第一节 概 况

### 一、分类与分布

中华鳖（*Trionyx Sinensis*）在动物分类上属于爬行纲、龟鳖目、鳖科。鳖科动物的背腹甲外层无角质盾片，覆盖着柔软的外皮，属水陆两栖动物，生活在淡水水域，地方名又称为甲鱼、团鱼、脚鱼、元鱼、水鱼及神守等。

鳖科共有 7 属 24 种，主要分布于亚洲、非洲和北美洲部分地区，我国有 3 属 3 种即鼋属、中国古鳖属（纯化石种）和鳖属，鳖属有两种，即鳖（又称中华鳖）和山瑞鳖。

鳖在我国最为常见，除新疆、青海和西藏外，均有分布，尤以长江流域和两广最多；山瑞鳖主要分布于云南、贵州、两广和海南数省。中华鳖和山瑞鳖是我国最好最主要的养殖对象。

### 二、养殖现状与前景

20 世纪 70 年代前，我国未进行过鳖的人工养殖，上市商品鳖主要靠捕捞野生的天然鳖。进入 80 年代初，鳖的市场潜力逐渐显露，由过去的随捕随卖，发展到人工收购、囤养，利用时间差、地区差，赚取较高的利润。随着我国市场经济的不断发展与完善，人们生活水平的提高，鳖的市场需求量随之猛增。至 90 年代初期，鳖的养殖成为水产中的热门行业，最高峰时，母本亲鳖售价高达 1 200 元 / 千克左右，刚孵出的稚鳖售价达到 30 元 / 只，全国各地温室养鳖异峰突起，国内鳖种供不应求，大量热带鳖进入国内，导致中华鳖种质混杂。由于温室鳖的品质、口感、营养远差于野生鳖，至 90 年代后期，鳖价大幅回落，养鳖业受到重创，大部分甲鱼养殖场蒙受了巨大的经济损失，一大批温室养鳖企业倒闭。进入 21 世纪，鳖价渐趋稳定与正常，使商品价值与市场价格逐渐吻合，投入产出比为 1：1.4～1：2.5，在水产养殖效益中仍高于大多数淡水品种。

鳖类动物肉味鲜美，营养价值高，含有较多人体所必需的多肽、多糖、氨基酸以及维生素类营养成分，被视为营养滋补珍品。我国食用鳖历史悠久，在南方筵席上历来被称为八珍之一，特别是鳖的裙边更是鲜美可口。鳖不仅是国内习见优质水产品，还大量出口国际市场，深受消费者欢迎。在国外，特别是亚洲东南亚地区食鳖者相当普遍，并设有专门的鳖餐馆，市场需求量很大。鳖除食用外，还具很高的药用价值，在我国鳖作为药用有较长的历史，鳖甲、头、肉、血、胆等均可入药，随着人类生活水平的不断提高，科学技术的发展，对鳖的养殖和利用研究的不断深入，对鳖的价值将会有更高的认识。

近年来，实行仿野生养殖，即按照甲鱼原有的生活习性进行池塘设计，尽量减少人工饲料投喂。实行仿野生养殖后，一只稚甲鱼需要三年时间才能长到 500 克左右，生长速度与野生甲鱼相当，养殖成本下降 50%。仿野生甲鱼将成为农民致富的亮点。

# 第二节　生物学特性

## 一、形态特征

### （一）外部形态

1. 体色　鳖的体色往往与周围的环境相一致，背面通常呈灰绿、灰黄、黄褐或暗黑色，野生鳖背甲具花纹图案，背面通常分布有不甚明显的疣状突起；腹面均呈灰白色或黄白色。也有部分变异的鳖体色呈金黄、红色、白色等。

2. 体形　鳖的身体分为头部、颈部、躯干部、尾部和四肢。头部前端略扁，吻端延长为鼻孔，背面略成三角形，头后部与颈部相连呈近圆筒形，头颈部可灵活转动，且可完全缩入壳内。躯干部宽短而扁近圆形或椭圆形，脏器均位于躯干内，躯干部由骨板形成的硬壳保护，背甲稍凸，腹甲扁平，背腹甲在侧面以韧带组织相连；背腹甲外层覆以柔软的革质表皮，背甲边缘具结缔组织形成的裙边。尾部随雌雄不同而长短不一，雌鳖尾短长度在裙边内，雄鳖尾长伸出裙边外。尾部长短是识别雌雄的重要特征。鳖的四肢粗短稍扁平，能缩入甲内，后肢比前肢粗大，趾间有发达的皮膜，均具三个钩形利爪，既可在陆地爬行，又可在水中划动游泳。

### （二）内部构造

鳖的内部构造由消化系统、骨骼系统、肌肉系统、呼吸系统、循环系统、神经系统及生殖系统等八大系统组成。

## 二、生态习性

1. 栖息　中华鳖喜欢栖息在水质洁净、底泥较多的河流、湖泊和水塘中。因为它用肺呼吸，所以常浮到水面，伸出脑袋呼吸空气。中华鳖喜晒太阳和安静，所以晴天常爬上岸晒太阳，一有声响便会迅速爬到水中。鳖有缩头的习性，稍有动静就会把头缩进壳内。它们喜欢晚上出来觅食，黎明再回到穴中潜伏。

鳖是变温动物，具冬眠习性，当水温降到20℃以下食欲下降，在自然环境下，当外界温度低于15℃时，鳖就要停食，潜入水底泥沙中准备冬眠，这时其活动呆滞，10~12℃进入冬眠状态，伏于水底泥中不食不动，头部靠近泥面，嘴尖与水连通，利用咽喉部的鳃状组织，吸收水中的氧，维持低微的生命活动。鳖冬眠期比较长，在此期间体重要减少10%~15%。水温超过33℃时，鳖生长也受到影响。根据当地气温和水温，冬眠期可达4个月至半年以上。

2. 食性　中华鳖是以肉食性为主的杂食性动物，主要吃小鱼、小虾、螺、蚌、水生昆虫、蚯蚓、动物内脏等，也吃动物下脚料、蔬菜、水草、瓜果等。鳖在摄食过程中往往潜伏于水底待食物接近时即张口吞入。鳖的耐饥饿能力很强，可以长时间不进食而不会死亡，但会因此而停止生长，并逐渐消瘦。由于食性大并且贪吃，在食物不足时会产生互相残食现象。

中华鳖是两栖类的变温动物，对周围温度变化非常敏感，摄食强度的季节性变化完全受水温的影响，随着水温升高，摄食强度增大，30℃时摄食量最大，32℃以上摄食量反而下降。适宜于鳖生长的水温范围为20~33℃，最适温度为25~30℃，这种温度下鳖摄食消化顺利，饲料转化率高，生长迅速，是养殖鳖的最好季节。

3. 繁殖习性　在自然条件下生长，根据地域的不同，中华鳖3～5龄达到性成熟，温度高的华南地区性成熟早一些，温度低的东北和华北地区性成熟晚一些。水温要在20℃以上才能交配产卵。但是可以一次交配，多次产卵，产卵期为5～8月份，6～7月份为产卵的高峰期。产卵时间，一般多在安静环境下的下半夜产卵。产卵方式采取掘洞产卵，产后用沙土埋上，因此在成鳖产卵场所，一定要在池塘四周设置沙土质松软易挖的产卵场所。

中华鳖是多次产卵的水生动物。一般情况下，第一次产卵最早时间在5月中旬，最迟是在6月上旬，产卵终止时间均在立秋前后几天内，而盛产期则在芒种到大暑之间。一般一只雌鳖每年可产卵30～50枚，每批的产卵数少则4～7枚（最少只有2枚），多则40枚，平均为15～20枚。雌鳖的大小不仅影响产卵数量，而且也影响卵的质量，大鳖产的卵多，卵的个体也大，且大小均匀。

## 第三节　繁殖技术

### 一、设施条件

1. 池塘条件　亲鳖池宜选择交通方便，进排水系统配套，环境安静的池塘。面积3亩左右，池埂坡比为1∶2～2.5，池底平坦，淤泥厚度20～30厘米，水深1.3～1.5米，水源充足，水质优良无污染，pH值7～8.5，溶氧量5毫克/升以上，水质符合无公害渔业用水标准。

2. 防逃设施　池塘四周建造防逃墙，墙高40厘米，墙顶向内出檐10厘米，内壁光滑，防止甲鱼逃逸。

3. 晒背台和投饲台　在池塘安静向阳一侧用水泥板、木板或石棉瓦搭建甲鱼休息、晒背及投台，上端高出水面15～25厘米，靠于池坡上，下端倾斜延伸至水下20～30厘米，投饲台的长度以能满足甲鱼摄食需要即可。

## 二、亲鳖挑选

1. 来源与选择　亲鳖是指供繁殖用的雌雄鳖，亲鳖的质量决定稚鳖的大小、体质、生长速度等，因此，亲鳖的选择是决定人工繁殖和养殖成败的重要因素。亲鳖的来源有野生鳖和人工养殖鳖，无论是野生鳖还是人工养殖鳖均要求外形符合中华鳖的体征标准，体色正常、皮肤光亮、裙边肥厚坚挺、无伤残、无病灶，将鳖仰放于地上，能迅速翻身逃跑。在选择亲鳖时要特别注意钩钓损伤严重、注水的不能选用。

2. 年龄与体重　在长江流域，一般年龄在4龄，体重在500克以上的野生鳖或年龄在四龄，体重在1 000克左右的池养鳖，性腺基本成熟，可以交配产卵。但根据生产情况看，雌鳖体重在750克以下的产卵数量少，卵的重量小，受精率低，而规格在1 500克以上的雌鳖，产卵数量多，卵的重量大，受精率高。因此，在选择亲鳖时，要求年龄达到5～6龄，体重达到1 000克以上为好。

3. 雌雄鉴别与配比　雌雄鳖的鉴别主要观察以下几方面：雌鳖尾短，不能自然伸出裙边外；背甲近圆形，中部较平；后肢间距宽；体型较厚。雄鳖尾长，能自然伸出裙边外；背甲前部较宽，呈椭圆形，中间隆起；体型较薄。

在自然界，雌雄比例大致在 1∶1，在人工繁殖过程中，为了节约饲料成本，提高单位面积产卵量，雌雄配比为 1∶4 为最佳，卵子受精率和孵化率均可达 90%以上。

## 三、亲鳖培育

1. *放养前的准备* 亲鳖培育与产卵一般在露天亲鳖池进行，亲鳖放养前要进行池塘清整消毒，清除过多的淤泥，用药物消毒池水，杀灭水中的病原，减少疾病的发生。消毒药物毒性消失后即可放养亲鳖。

2. *亲鳖的放养量* 雌雄比例按 1:4，亩放亲鳖 300～400 只，存池重量控制在 300 千克内，保证亲鳖有较宽敞的活动环境，同池亲鳖个体大小差异不能过大，防止亲鳖之间互相残食。亲鳖池中可搭配放养花鲢 20 尾、白鲢 200 尾、鲫鱼 300 尾，鳊鱼 100 尾。

3. *饲养管理* 主要是饲料投喂、调控水质、生产记录等。(见第五节)

## 四、鳖卵孵化

1. *产卵场准备* 产卵场是亲鳖繁殖的重要场所，通常水温稳定在 22℃以上时，亲鳖即开始交配，约一周后开始产卵，水温在 28℃左右为产卵最适水温。因此在水温达到 20℃时即应准备好产卵场。产卵场应选择避风向阳、环境安静的池埂，用砖砌成 3～5 平方米的池子，池深 30～40 厘米，向池塘水面一方留两个 60 厘米宽的出口，供亲鳖进出产卵场用，池内铺 30 厘米厚的细泥沙，上面扒平，泥沙保持一定的温度。池上建雨棚，防止雨水进入产卵场，影响鳖卵的孵化率，雨棚的高度以人在里面能稍弯腰能活动即可。

2. 鳖卵的收集　亲鳖产卵后即用泥沙将卵子掩埋起来，可于每天清晨观察产卵场，发现泥沙翻动过的地方，用小树枝做好记号，于下午 4～5 时收集鳖卵，收集完成后用扫帚将泥沙平整好，便于第二天集卵。收卵时要轻拿轻放，并将鳖卵的动物极（即卵子上有一白色亮区的地方为动物极）向上放置于装收卵箱中，收卵箱内铺一层 2～3 厘米厚的细沙，将卵一排排放在细沙上并轻压一下，防止滚动影响胚胎发育，然后运回孵化场进行孵化。

3. 受精卵的区别　收集到的鳖卵不一定都能受精，因此必须剔除未受精卵，受精卵与未受精卵的区别在于受精卵的一端有一白色亮区，而未受精卵则没有。

4. 孵化管理

(1) 孵化温室的建造。如果生产规模大，产卵量多，则应建造孵化温室，孵化温室的面积根据生产量而定，一般 3～5 平方米即可，温室内设置放孵化盘的木架，木架层高 30 厘米，可设计 4～6 层，温室要求保温性好，热源可使用温控电加热。如果产卵量小，可不建孵化温室，在产卵场内自然孵化，或用塑料保温罩在大盆中孵化。

(2) 孵化盘制作。孵化盘可用木制或塑料盘均可，盘子大小可根据需要而定，盘内放孵化基质，孵化基质一般使用粒径 0.5～0.6 毫米的细沙，选好的细沙用 10 毫米 / 升的二氧化氯溶液消毒，在孵化盘中平铺 3 厘米厚的细沙，将卵一个一个地轻轻安放在细沙上（动物极向上），排满后，在卵上再铺一层细沙，以盖住卵即可，然后再在上面排放一层受精卵，如此可排放三层卵，最上面用细沙覆盖 3 厘米即可放入盘架上进行孵化。

(3) 孵化温室内温湿度控制。人工孵化时，温度控制在32±1~2℃，孵化期约45天左右为好。孵化基质湿度控制在8%~12%，以手捏成团，落地散开为宜。空气中的湿度控制在80%~85%为最佳，早期可稍低，晚期可稍高。

(4) 孵化日常管理。温度过高时可开窗通风；防止敌害如蛇、鼠、蚁等损伤或吞食鳖卵；做好记录，不同批次的卵分别放在不同的孵化盘中，并插上标记，注明产卵日期与产卵量，便于集中出苗。

(5) 稚鳖的收集。鳖卵的孵化时长取决于积温，一般鳖卵的孵出积温为36000度·时左右，如果控制温度在34℃，约45天即可出苗。预计出苗时可将孵化盘放置在水盆上，稚鳖孵出后自动爬出掉在水里，然后集中收集起来，放入稚鳖培育池中进行培育。

## 第四节　养殖技术

### 一、稚鳖培育

如果是规模化中华鳖繁育基地，前期（6~8月）孵化出来的稚鳖可销售，后期孵化的稚鳖留着培育幼鳖。

#### （一）培育池准备

稚鳖池分土池和水泥池两种，面积6~15平方米，池深1米，水深50厘米，土池淤泥控制在10~15厘米，清除过多的淤泥；

水泥池底铺 10 ~ 15 厘米泥沙。池中放 1/3 面积的水花生，设置宽 20 厘米、长 100 厘米的晒背投饲台 2 个。稚鳖下池前 2 天用 0.5 毫克 / 升的二氧化氯溶液或聚维酮碘溶液全池泼洒消毒。

**（二）稚鳖放养**

1. 稚鳖暂养　将刚出壳的同批稚鳖先放入盆中暂养，待浆膜、脐带自然脱落后（一般需 1 ~ 2 天），用 15 ~ 20 毫克 / 升的高锰酸钾溶液浸浴 15 ~ 20 分钟消毒，将经过消毒的稚鳖连同盒盆一起移至稚鳖培育池中，缓缓将盒盆倾斜，让稚鳖自行爬出。放养时间宜选择晴天上午。

2. 稚鳖培育方式　稚鳖培育方式有稚鳖池培育、网箱培育两种方式。稚鳖池培育一般为规模化繁育场采用，网箱培育为自繁自养小规模养殖采用，培育稚鳖的网箱必须带盖，网箱规格为长 × 宽 × 高等于 3 米 × 2 米 × 1.2 米，入水深度 0.7 米，在箱内放入占箱面 2/5 面积的水花生，并设置投饲台。

3. 稚鳖池消毒　稚鳖下池前 2 天用 0.5 毫克 / 升的二氧化氯溶液或聚维酮碘溶液全池泼洒消毒，也可用 40 毫克 / 升生石灰水消毒。

4. 稚鳖池培肥　经消毒处理后，无论土池或水泥池，可在池中堆放青蒿培水，青蒿用量为每平方米 1 千克。经培水后，水色呈黄绿色或茶褐色；水泥池也可用专池培水，使用时将水灌入水泥池。网箱培育稚鳖的因池塘本身是肥水，不需培肥。

5. 稚鳖放养　同一稚鳖池放养同一批次的稚鳖，数量一次放足，水泥池每平方米放稚鳖 30 ~ 40 只，土池每平方米放 5 ~ 10 只，网箱每平方米放 20 ~ 30 只。

### （三）稚鳖饲养管理 （见第五节）

## 二、幼鳖培育

稚鳖经过一段时间的培育，当水温降至冬眠水温时，规格可达 30～40 克，可进入温室（或自然越冬后）进入幼鳖培育阶段。

### （一）温室培育幼鳖

幼鳖温室养殖是整个养殖生产中的一个重要阶段，它具有密度高、投喂集中、水质易污染和病害多等特点。做好幼鳖的温室养殖工作对提高整个甲鱼养殖的经济效益具有举足轻重的作用。

1. 鳖池的清整消毒　经过上一年养殖的温室鳖池已经富集了各种致病菌及残饵、粪便等污物。因此，养鳖池的清理和消毒极为重要。鳖池中的沙最好换掉，不能换掉或无沙的鳖池则应反复冲洗和消毒。鳖池在使用前 10 天进水 10 厘米左右，并用 6.75 千克 / 亩的二氧化氯全池泼洒，以杀灭病原菌。

2. 苗种选择与合理放养

⑴ 苗种选择。稚鳖应选择健康、无伤无病、种质优良的品种，其规格整齐，要求每只体重在 5 克以上，且活力强、反应快。

⑵ 鳖苗的消毒。鳖苗在放养前必须进行体表消毒。方法同稚鳖，浸泡水体以淹没鳖苗背部为宜。

⑶ 合理放养。9～10 月，体重为 5～20 克的幼鳖，较适宜的放养密度为 40～60 只 / 平方米。翌年 6 月中下旬出温室，体重为 150～300 克。产量 10～15 千克 / 平方米，直接投入大池中养殖成鳖。

⑷ 及时投喂。放苗后应及时投喂稚鳖饲料。饵料中最好添加 10～15%的鲜活水蚤（红虫）或鸡蛋黄。方法是将饵料投在池中的食台上，让鳖取食，使鳖早开食、早适应、早生长。

3. 水温控制　30～32℃内为鳖最佳的生长环境。当水温高于20℃时，鳖开始摄食，摄食量随水温升高而增加。若水温低于最佳温度时，鳖体消化酶合成水平低，饲料转化率低；水温高于最佳温度时，由于鳖体活动量增加，也会降低饲料转化率。温室内的气温一般控制在30℃～33℃，且应尽量保持恒定。

4. 日常管理　主要是水质调控、饲料投喂等。（详见第五节）

**（二）露天池幼鳖培育**

1. 做好冬眠期间的管理工作　如果不进温室进行幼鳖培育的，在冬眠期间，体重会下降10%～15%，发病的或体质差的、当年孵出时间较晚的稚鳖，在越冬期间，较易发生死亡。因此，在中华鳖冬眠期间，应避免其受到惊扰，以免引起甲鱼体能过度消耗而导致死亡。

2. 露天池幼鳖培育　经过冬眠自然越冬的幼鳖，当第二年水温上升到18℃时，应及时投饲诱食，尽可能提早幼鳖的开食时间。投饲管理、水质管理及巡池与稚鳖培育相同。

## 三、成鳖养殖

成鳖养殖采取仿生态养殖模式，池塘内其他养殖鱼类按常规养殖进行，鳖种投放密度根据池塘条件及饵料来源调整，一般投放密度不大，年亩产商品鳖约75～100千克，商品鳖的品质非常接近野生鳖，且病害少，效益十分显著。

**（一）养殖基本条件**

1. 池塘条件　采用常规养鱼池塘，要求交通方便、注排水系统配套、环境安静，面积5～15亩，池埂坡比1∶2～3，池底平坦，淤泥深20～30厘米，水深1.8～2.5米，水源充足，水质良好无污染，pH值7～8.5，溶氧量5毫克/升以上，水质符合无公害渔业用水标准。

2. 防逃设施　池塘四周建造防逃墙，墙高40厘米，墙顶向内出檐10厘米，内壁光滑，防止甲鱼逃逸。

3. 搭建晒背台和投饲台　在池塘安静向阳一侧用水泥板、木板或石棉瓦搭建甲鱼休息、晒背及投台，上端高出水面15～25厘米，靠于池坡上，下端倾斜延伸至水下20～30厘米，投饲台的长度以能满足甲鱼摄食需要即可。

### （二）清池消毒

如果是第一次养鳖，冬季干池后，应清除池底过多的淤泥，修整池埂、进排水口等，晒池20天左右，然后池塘进水40～50厘米，每亩用生石灰200～250千克彻底消毒，如果是正在养鳖的池塘，冬季常规养殖鱼类干池销售后，迅速回水至正常水位，使用1毫克/升的二氧化氯或0.5毫克/升的聚维酮碘全池泼洒消毒，3～4天后全池泼洒微生物制剂一次，保持水质环境优良，使池中幼鳖安全越冬。同时可放入养殖的常规鱼类种苗。

### （三）养殖模式与苗种放养

中华鳖仿生态健康养殖采用梯次投放鳖种的模式，如果是第一年开始养鳖，可投放400～500克的大规格幼鳖100只/亩，200～250克幼鳖120只/亩，50克左右的幼鳖150只/亩，以后每年捕大留小，补充投放50克左右的幼鳖150只/亩即可。

### （四）日常管理

主要是水质调节和饲料投喂。（详见第五节）

### （五）捕捞

中华鳖仿生态健康养殖模式的商品鳖捕捞可根据市场及销

售价格灵活掌握，在正常生长阶段可采用鳖枪捕捉达到规格的甲鱼上市，也可在冬季结合池中常规养殖鱼类起捕时，同时捕捉达到规格的鳖上市销售。

## 第五节　饲养管理

### 一、水质调控

#### （一）水质要求

要求“肥活嫩爽，养鳖水体 pH 值 7.0～8.0，透明度以 25 厘米为宜，溶氧 5 毫克 / 升以上。

#### （二）调控措施

1. 科学施肥　采取施足有机肥，追施无机肥的方法保持水质合理的肥度。春季多施氮肥，夏季多施磷肥，以磷促氮，既保证浮游植物生长的需要，又防止水体氨氮过高。

2. 适时加注新水　在早春和晚秋，每半个月加水一次。6～9 月份，每 7～10 天加注新水一次。每次加水量 20 厘米左右。春季浅水有利于提高水温，促进浮游生物生长；夏秋季随着鱼鳖的生长而加大水体，以增大水生动物的活动空间，促进其生长。

3. 定期搅动塘泥　选择晴天中午，用铁链、石链、铁耙等搅动塘泥，每月 1～2 次，可翻松底泥和使上下水层交流混合，促进池底有机质的分解，释放出底泥中沉积、吸附的营养盐和微量元素。

4. 使用增氧机　在池中开动增氧机，增加水中溶氧量。一般晴天中午开机，阴天下午或次日清晨开机。阴雨连绵或由于水肥鱼多，应在浮头之前开机。有条件的还可使用微孔管、耕水机增氧。

5. 施入生石灰　每半个月1次，每亩施入生石灰15～20千克。生石灰在水中分解后能中和有机酸，释放出被淤泥吸附的氮、磷、钾等元素而使水变肥，其中的钙离子也为动植物所吸收，加速有机质分解。

6. 施用生物制剂　使用光合细菌、芽孢杆菌等生物制剂能促进有机物分解，改良水质，预防病害。

7. 调节池水酸碱度　一般pH值保持在6.5～8.5，有利于鱼类生长。水的酸度太大，须尽快加入适量生石灰中和；当pH值超过8.5时，可适量施入酸性肥料中和。

## 二、投饲管理

### （一）亲鳖投饲管理

1. 亲鳖的饲料　常用的饲料有全价配合饲料、鲜活小杂鱼、螺蚌肉、蚯蚓等，全价配合饲料粗蛋白含量应达到45%以上，在调和亲鳖饲料时将蔬菜、新鲜小杂鱼、螺蚌肉及蚯蚓等打成浆，与全价配合饲料拌和均匀，揉成小块放置在投饲台上距离水面5～10厘米处，供亲鳖摄食。在亲鳖池中可放入活螺蛳，亩放量为300千克左右，为亲鳖提供优质活饵料。亲鳖培育的重点放在产前与产后培育。

2. 投饲方法　严格按四定原则投饲。

(1) 定时。亲鳖的投饲随水温的变化而增减。一般水温稳定在18℃以上时开始摄食，此时应少量投饲，并用新鲜鱼肉、螺蚌肉进行诱食，促使亲鳖早开食，早期一般1～2天投喂一次；当水温稳定在20℃以上时，可正常投食，一般一天投饲两次，即上午 9～10 时、下午 4～5 时各投 50%的投饲量。

(2) 定位。配制好的饲料应固定投放在投饲台上，便于检查亲鳖的摄食情况、清除残饵，防止饲料浪费和污染水质。

(3) 定质。动物性饲料必须新鲜，不得腐败变质，配合饲料要求蛋白质含量达到要求，是正规厂家生产，无霉烂变质。

(4) 定量。亲鳖每天的投饲量按亲鳖的体重计算，全价配合饲料每天的投饲量（干重）约为存池亲鳖体重的 1～1.5%，活鲜饲料及蔬菜的投饲量约为 5～10%。投饲量还应根据天气、摄食强度、病害情况、水质情况等灵活掌握。

亲鳖的培育主要在水温达到 22℃以上的 5～9 月，在此期间，不仅温度适宜、摄食旺盛，而且处于产卵期，亲鳖需要从外界摄取大量的营养物质，维持机体的正常生长和卵子发育成熟。一方面应加大投饲量，另一方面要求饲料营养结构全面，可在饲料中加入适量的水产多维、微量元素等。

### （二）稚鳖投饲管理

稚鳖饲料为水蚯蚓、新鲜无污染的动物肝脏、鲜鸡蛋、稚鳖配合饲料、少量鲜嫩干净的蔬菜叶、食用花生油等。日投饲量（干重）为稚鳖总重的 3%～5%，并根据天气变化和摄食情况适当增减，每次投饲以 2 小时内吃完为宜。

下池后第一周投喂水蚯蚓，或配合饲料加动物肝脏；第二周起投喂稚鳖配合饲料 60%，加动物肝脏 20%、鸡蛋 15%、蔬菜 5%，并逐步减少肝脏和鸡蛋量，增加稚鳖配合饲料和蔬菜类，经 20 天培育后，投喂稚鳖配合饲料 90%～92%，蔬菜类 8%～10%，另外加入投饲量 1%的花生油。

水蚯蚓消毒后可直接投喂，肝脏与蔬菜类要打成浆，然后与配合饲料、鸡蛋等拌和均匀，制成稚鳖适口的软颗粒或小条，均匀地投放在投饲台上离水面 2～3 厘米处。日投喂 2 次，上午 6～8 时、下午 4～6 时各一次。

### （三）幼鳖投饲管理

1. 投喂方式　水下投喂适合甲鱼的摄食习性，使其摄食速度加快；同时，采用软颗粒饲料投喂比块状饲料投喂能减少饲料的浪费。

2. 饲料的选择　甲鱼养殖中，饲料的成本占到养殖成本的 50%左右，饲料的投喂与饲料品质的好坏，决定了养殖成本的高低，故而应选择大型正规饲料厂家生产的质量稳定的全价配合饲料。养殖生产中，在配合饲料中添加 10%左右含维生素、纤维较多的无公害蔬菜，如青菜、胡萝卜、南瓜等，可以起到帮助甲鱼消化、降低饵料系数、增强鳖体抗病能力的作用。

3. 投饵量的控制　甲鱼受环境变化影响很大，当气温、水温、水体环境变化和用药时，都会对中华鳖产生影响，因此必须及时调整投饵量。一般水下投饵应控制饵料在 30 分钟内吃完为宜，水上投饵一般掌握投饵量在 1.5～2.0 小时内吃完为宜。一般每天投喂 2 次，日投饵量掌握在鳖体体重的 2%～4%干料为宜。另外，甲鱼生长应追求一种平衡，不能以增大投喂量来达到加快其生长的目的。甲鱼过量摄食，其生长过快，容易导致甲鱼生理负载增加，引起内脏受损而诱发内脏疾病。

### （四）成鳖投饲管理

甲鱼为偏肉食性的杂食性动物，动物性饲料可选用鲜活低值鱼类、小杂鱼、螺蚌肉、蚯蚓等；植物性饲料可选用鲜嫩蔬菜、瓜果等，为了保证甲鱼的营养要求，可采取优质甲鱼全价配合饲料与动物性饲料、植物性饲料混合投喂。投饵方式采用水上投饲台投喂。

当水温上升到18℃时即可投喂少量的动物性饲料进行诱食，促使甲鱼早开食，从而延长生长期，当水温稳定在20℃时，可进入正常的饲料投喂，投喂量一般根据甲鱼存池重量计算，新鲜动物性饲料日投喂量为甲鱼总重量的10%左右，配合饲料的日投喂量为总重量的3%～5%，上午按全天投喂量的40%～45%，下午按全天投喂量的55%～60%投喂，饲料投喂要做到定时、定点、定质、定量。鳖吃剩的饵料应予以清除。每1～2天应对食台进行一次消毒。饲料投喂应根据投饵时的天气、温度和鳖的生长情况灵活掌握，每次以2小时左右吃完为度。甲鱼全年投饲量按月分配为：4月份2%～3%，5月份5%～8%，6月份11%～13%，7月份24%～26%，8月份31%～33%，9月份24%～26%，10月份2%～3%。在鳖病多发季节，应适当添加防病药物和多种维生素或矿物质，适当增加动物性饲料。

# 第六节　病害防治

## 一、预防措施

### （一）加强水质调控管理

鳖虽用肺呼吸，但大部分时间生活在水中，因而水质好坏对鳖生长仍十分重要。在甲鱼养殖过程中，要及时对水质进行调控，保证池塘水质、底质环境优良，为甲鱼养殖提供优良的环境条件。

### （二）药物预防

1. 水体消毒剂使用

（1）水体消毒剂作用：主要是杀灭水体中的病原，减少甲鱼感染疾病的机率；其次是加快水体中有机质的分解，防止水质、底质恶化。

（2）常用的水体消毒剂种类：甲鱼池塘常用的消毒剂有：二氧化氯、聚维酮碘、生石灰等。

（3）水体消毒剂使用方法：一是按规定剂量全池遍洒；二是食场泼洒消毒；三是生产工具浸泡消毒。

2. 药饵及保健制剂使用　将内服药物或保健制品拌饵料投喂，杀灭体内病原，治疗疾病或增强甲鱼抗病能力。使用方法：将内服药物或保健制品与甲鱼饲料混合均匀，即可使用。药饵必须现配现用，否则可能失效。

## 二、常见病害的诊断与治疗

1. 红脖子病（大脖子病、鳃腺炎）

（1）症状。病鳖腹部出现红色斑点，咽喉部和颈部肿胀。肌肉水肿，行动迟缓。红肿的脖子伸长而不能缩回，人走近时也不逃走。严重时，口鼻出血，肠道发炎，全身红肿，眼睛浑浊发白而失明，不久死亡。此病传染快，往往造成一批批死亡。

（2）防治方法。①取出病鳖隔离治疗。②对池水、底沙、饲养工具和食台等，用二氧化氯溶液彻底消毒。③用氟苯尼考拌入饲料投喂，连用 3 ~ 5 天。

2. 赤斑病（又称红底板病、红斑病）

（1）症状。该病由细菌引起，最显著症状是腹部有红色斑块，口鼻呈红色、舌红、咽部红肿、肝呈黑紫色，肠充血、肠内无食物。经越冬后，4月至5月中旬，病鳖爬到池坡上，停食、反应迟钝，极易捕捉，经2~3天即死亡。

(2) 防治方法：同红脖子病。

3. 白点病

(1) 症状。白点病是一种细菌性疾病，不易观察，死亡量大，传染极快，一般3~75克甲鱼均可发病。引发原因：①苗种不健康，感染细菌。②稚鳖放养密度过高。③温度偏低或温差过大。

(2) 防治方法。①将水温升高到30~31℃。②全池泼洒季铵盐碘0.35~0.7千克/亩。如果是内发性的白点病，在全池泼洒季铵盐碘的同时，在饲料中添加氟苯尼考，连用3~5天。③注意隔离工作，防止传染。

4. 毛霉病（又称白斑病）

(1) 症状。白斑病是一种真菌性疾病，传染很快，一旦发现，应立即治疗。引起原因：①水体过瘦，真菌含量过高。②甲鱼受伤后，伤口易感染。

(2) 防治方法。①先将池水温度慢慢升到30~32℃。②根据水体肥瘦程度，用五倍子加生物鱼肥，培肥水体。③减少增氧时间，每天3~4小时即可。④注意隔离工作，防止传染。

5. 腐皮病

(1) 症状。该病由嗜水气单胞菌、温气单胞菌、假单胞杆菌等多种细菌引起。体表糜烂和溃疡是该病主要特征。病灶可发生在四肢、颈部、背甲、裙边及尾部。其发病过程是首先体表某处皮肤发炎肿胀，组织逐渐坏死变成白色或黄色，接着患部形成溃疡并逐渐增大，肌肉与骨骼裸露。严重时颈部骨骼露出，四肢烂掉，爪脱落。该病在高密度养殖下较易发生，温室中全年可发生，20℃以上即可流行。

⑵ 防治方法。①保持合理的放养密度。②定期进行水体消毒。③发病时用二氧化氯消毒，同时在每千克料饲料中添加恩诺沙星 1.5～2 克和甲鱼多维 5 克，连用 5～7 天。④纯中药复方制剂“鳖病宁”（三花散）煎煮后全池泼洒，并拌饲投喂。此法可短时间内恢复摄食，有效控制该疾病的流行。⑤保持合理的放养密度。

6. 穿孔病

⑴ 症状。病原有嗜水气单胞菌、普通变形杆菌、肺炎克雷伯氏菌、产碱菌等。发病初期，病鳖的背、腹甲及裙边出现白色疮痂，直径 0.2～1.0 厘米不等，周围出血，挑开后可见甲壳穿孔，穿孔处流血不止。未挑开的疮痂不久自行脱落留下一小洞，洞口边缘发炎，轻压有血液留出，严重者可见内腔壁。该病可危害各发育阶段的鳖，其中对温室幼鳖危害最大。该病发病期 4～10 月，5–7 月高发，水温 25～30℃。

⑵ 防治方法。同“腐皮病”。

# 第八章
# 胭脂鱼健康养殖技术

## 第一节 概 况

### 一、分类与分布

胭脂鱼（*Myxocyprinus asiaticas* Bleeker）属鲤形目（cypriniformes）胭脂鱼科或称亚口鱼科（catostomidae）。已知全世界有该科鱼类 13 属 68 种，其中绝大多数种类分布于北美洲，仅亚口鱼（Catostomus catostomus）分布于亚洲东北部和北美洲西北部。胭脂鱼分布于我国的长江和闽江流域，为我国也是亚洲特有品种。因此，该鱼在鱼类系统分类和动物地理学上有着极为重要的研究价值；也由于其体型大，最大体重可达 50 千克、体长 100 厘米以上，以往在长江上游的数量较多，而具有重要的经济意义。

### 二、养殖现状与前景

胭脂鱼体型奇特，花纹鲜艳，色彩绚丽，被誉为“一帆风顺”，享有“亚洲美人鱼”的美称，具有极高的观赏价值。胭脂鱼肉味鲜美，个体大，食性广，适应环境能力强，性温和，抗病能力强等经济性状，是池塘、湖泊、水库养殖的优良品种，具有极高的经济价值和市场前景。因自然环境受到人类活动的影响，胭脂鱼种群近几十年急剧下降，已被列为国家二级保护动物。经省级渔业主管部门批准，其人工繁殖的子二代，可开发利用。

上世纪70年代开始，多家单位协作在四川省宜宾进行胭脂鱼人工繁殖工作，并成功繁育鱼苗，随后中科院水生生物研究所、中国水产科学研究院长江水产研究所、水库渔业研究所、华中农业大学水产学院、湖北良种站、武汉农业集团有限公司等先后开展胭脂鱼的人工繁育方面的工作，经过近十多年的工作取得了较大的进展，至2011年仅湖北省人工繁殖的胭脂鱼苗已达到150万尾左右。随着胭脂鱼苗种问题的解决，池塘养殖技术也得到较大发展。目前胭脂鱼人工养殖模式有池塘主养、池塘套养、网箱养殖等，主养亩产可达300千克，套养可达15千克，网箱养殖亩产可达20 000千克左右。在生产上，胭脂鱼具有抗病力强、性温和、食性广、生长快等优点，已成为渔业增效、渔民增收的新的优良品种。

## 第二节　生物学特性

### 一、形态特征

胭脂鱼头短、吻钝圆。口小，下位，呈马蹄形。唇厚，富肉质，上唇与吻皮形成一深沟，下唇向外翻出形成一肉褶，上下唇具有许多细小的乳突，无须，侧线完全。鳞中等大，近似圆形，背鳍无硬刺，基部甚长，末端接近尾鳍，以第三至第十根分支鳍条最长，往后则较短，尾鳍叉形，鳔二室。胭脂鱼在不同生长阶段，体型、体色变异很大，仔鱼体型特别细长，体色半透明或灰白色。幼鱼体侧扁，背鳍起点前明显隆起，体呈三角形，体色灰或淡紫色，体侧有三条黑褐色斜的横斑，眼球处有一条黑褐色横斑。成鱼体形延长，背部隆起减缓，腹部平直，全身淡红或胭脂红色，并在鱼体两侧正中各有一条较宽的猩红色纵条斑，从吻端直达尾鳍基部。

## 二、生态习性

1. 栖息　生活在湖泊、河流中，幼体与成体形态各异，生境及生物学习性不尽相同，幼鱼喜集群于水流较缓的砾石间，多活动于水体上层，亚成体则在中下层，成体喜在江河的敞水区，其行动迅速敏捷。

2. 食性　胭脂鱼主要以底栖无脊椎动物为饵料，主要摄食水生昆虫，以摇蚊幼虫为主，同时伴有植物碎片、海藻、丝状藻类。但也有以软体动物为主，伴有淡水壳菜，说明与栖息的场所有关。在池塘养殖中，特别是亲本培育中主要喜食水蚯蚓和陆生蚯蚓，也食蚌和螺蛳肉以及虾类，这些食物对性腺的发育极为有利，人工配制的饲料对成鱼的培育同样有效，但对性腺发育有一定影响。

3. 生长　胭脂鱼个体大，生长快，最大个体体重可达 50 千克，体长 100 厘米以上。在人工养殖条件下生长速度快，性成熟前生长特别快，当年可长至 0.5 ~ 1 千克，3 龄鱼可达 3 ~ 4 千克。胭脂鱼在全长相同的情况下，雌鱼体重大于雄鱼，在未达性成熟阶段，生长较为迅速，达到性成熟阶段后，生长速度减慢。

4. 繁殖　长江天然水域胭脂鱼性成熟依据年龄鉴定及性腺和组织切片检查，雌鱼 7 龄或 7 龄以上，雄鱼 5 龄均可达性成熟，雌鱼一般体长 82 厘米左右，体重为 10 千克左右，雄鱼体长为 76 厘米左右，体重为 8 千克。

雌鱼卵巢在秋末冬初发育到Ⅳ期，并在Ⅳ期越冬，翌年 2 月底至 3 月初中旬有少部分的卵巢由Ⅳ期末向Ⅴ期过渡。繁殖开始，此时还有大部分个体的卵巢处于Ⅳ期，还未进入盛产期。性成熟的胭脂鱼，繁殖季节出现副性征，并伴有明显的婚姻色。鱼的体色艳丽，呈红色，身体两侧各有一条明显的猩红色纵条纹，雄鱼尤为明显。同时雌雄鱼均有大小不等的颗粒状白色条纹出现，主要分布在臀鳍和尾鳍下叶，其次在头部、胸鳍、腹鳍与臀鳍之间的腹部鳞片上。通常雄鱼粗大而突起，手触有刺手感，很粗糙，雌鱼较小，不很突出，繁殖后雌、雄鱼的珠星逐渐消失。

胭脂鱼产卵的水温一般在 18℃，底质为砾石。对水位、流量、流速等无严格要求，胭脂鱼的怀卵量不大，每千克体重怀卵 1.1 万 ~ 1.6 万粒，受精卵经 7 ~ 8 昼夜便可孵出苗来。

## 第三节　健康养殖技术

### 一、养殖条件

养殖胭脂鱼的场地要保证旱季能储水备旱，汛期能防洪抗涝。取水口上游 3 公里内无污染源、水源充足、生态环境良好的区域，并具备进排水方便、交通便利、电力配套等条件。

1. 水源、水质条件

（1）水源。水源的水质应符合 GB11607 的规定。

（2）池塘水质。养殖池塘水质应符合 NY5051-2001 的规定。

2. *土质* 土质一般分沙土、粉土、砾质土、黏土、壤土等。沙土、粉土、砾质土等保水能力差，池塘易渗漏，不适合建池养鱼。黏土保水能力强，但通透性较差，比较适合建池。壤土介于两者之间，并含有一定的有机质，硬度适中，保水能力强，养分不流失；土内空气流通，有利于有机物分解，是建池养鱼最理性的土质。

3. *基础设施* 有较完善的交通、电力、通讯、给排水等基础设施。

## 二、苗种培育

### （三）稚鱼培育

刚孵出的仔鱼全长约 10 毫米左右，鱼体细长，半透明。静卧于孵化容器的底部，躯干作间歇性扭动、偶尔向上窜游，随后侧卧于水底，鱼体幼嫩，处于内源性营养阶段。仔鱼在 10 多天的内源性营养阶段，生长缓慢，全长 10 毫米仅增长到 16 毫米左右。此时的仔鱼鱼鳔出现并充气，可作水平移动，广泛分布在水体上层，已开始摄取外界的饵料。稚鱼阶段的培育，要特别加强护理，要求水质清新，并确保溶氧、水温的稳定。

### （二）鱼苗培育

鱼苗培育池可用水泥池、土池和小网箱。

1. *水泥池培育* 单个面积 20～30 平方米，水深 80～100 厘米为宜，上设棚遮阳，进排水方便，培苗密度 600～800 尾/平方米，放苗前应清洗水泥池，并用高锰酸钾或漂白粉等进行消毒。经放苗前“试水”，下池前检查暂养池和培苗池水温不超过 ±2℃方可放苗。鱼苗下池后，应及时投足轮虫及枝角类浮游动物，并使池水保持微流水，每 10 平方米设充气头 1 个。当池中浮游动物饲料不足时，可投喂丰年虫和绞碎的水蚯蚓、鱼肉、牛肝等。投喂量应根据天气、水温和鱼的摄食情况作适当调整。培育期间应随时观察鱼苗活动情况，防泛池、漏苗等，发现鱼病要及时对症下药。一般经过 20 ~ 30 天左右的培育，鱼苗可达 25 ~ 30 毫米规格。水泥池培育具有成活率高、生长快、便于观察、易于控制等优点。

2. 池塘培育　要求水源充沛、水质良好，没有污染，注排水方便。单口池塘面积 2 ~ 3 亩，水深 60 ~ 100 厘米，池底平坦，少淤泥，保水好，光照充足的池塘为宜。放苗前要对池塘进行清整、消毒。放养密度可控制在 80 000 尾 / 平方米左右。采用“肥水下塘法”的培育技术，池水透明度不低于 35 厘米。鱼苗下池后，根据水质可分 2 次 / 天泼洒豆浆，鱼苗饲养过程中分期向鱼池中注水，2.5~3 千克 / 亩·天（黄豆），以提高鱼苗生长率和成活率。一般每隔 3 ~ 5 天加水 1 次，注水时要防止敌害生物的带入。池塘培育的主要日常管理工作是巡塘，观察池鱼活动和水质变化情况，及时补充适口饵料。鱼苗长至 2.5 厘米时，可完全投喂水蚯蚓、配合饲料。经过 30 天左右的培育鱼苗一般可长到 3 ~ 4 厘米。要求池堤牢固、保水保肥力强，底质以壤土最佳。并要求池塘向阳，光照较好，有利于培养水中浮游生物。

3. 小网箱培育　网箱用 40 ~ 20 目网布制作，单个面积 2 平方米左右，架设在水质清新、有微流水的水体中。鱼苗的放养密度为 2000 ~ 5000 尾 / 平方米。日常管理与水泥池基本相同。

**（二）鱼种培育**

鱼种培育就是把 2.5 ~ 4 厘米的鱼苗培育成 18 ~ 25 厘米的鱼种。

鱼种培育，以土池为宜，面积 3～5 亩，水深 1.5 米以上，放养密度：800～1 000 尾/亩。放苗前，鱼池同样需要清池、消毒、试水。培育方式可单养或混养。混养以鲢、鳙或其他当地适宜品种，以不与胭脂鱼争食又无其他危害为原则。即使是单养，也应混养少量的鲢、鳙，以控制浮游生物的过量繁殖，调节水质。管理方法基本同培苗阶段，有条件的可配备增氧机，溶氧保持在 5 毫克/升以上。胭脂鱼对一些化学物质或鱼药较为敏感，所以在鱼病防治时应十分注意。饲料主要以水蚯蚓、配合饲料、鳗料为主。配合饲料最好是细颗粒状，粗蛋白含量在 35%左右为宜。每天按体重 3%～5%分上午、下午两次投喂，根据水温、水质及鱼种的摄食情况适当调节。经过 5～6 个月培育鱼种规格可达 100～200 克/尾。

**（三）日常管理**

苗种培育日常管理十分重要。由于幼苗阶段，摄食旺盛，生长迅速，但身体仍较幼弱，易受伤害。因此，日常管理工作除调控良好的水质、供给优质适口饵料外（水质调控、投饲管理见第四节），还应做好以下几点。

1. 保持环境安静　因胭脂鱼为中下层鱼类，性较活泼、敏感，易受环境干扰而影响摄食等正常活动，人工饲养条件下宜保持四周环境安静。

2. 降低放养密度　随着个体的快速生长，要适当降低放养密度，进行 1～2 次分塘。

3. 防治敌害　危害胭脂鱼幼苗的敌害生物以水生昆虫（如大型剑水蚤、水蜈蚣、蜻蜓幼虫等）、蝌蚪、鸟类为主。平时巡塘，随时将池中蛙卵和蝌蚪等捞出；食鱼鸟类较多的池塘，应尽量改善池水条件，防止池鱼经常浮头，易被叼食。平时注意

消灭或恐吓栖宿在鱼池附近的食鱼鸟类。幼鱼的病害防治见成鱼养殖

## 三、成鱼养殖

### (一) 养殖模式

成鱼养殖有池塘主养、池塘套养、网箱养殖等三种模式。

1. *池塘主养* 按每亩600尾投放，选择上年的体长18~25厘米，体长光滑、色彩光亮、无缺鳞、活泼、跳跃鱼种投放，投放鱼种入池后一周内可适当投喂水蚯蚓，在改喂颗粒饲料，以粗蛋白含量36%饲料养殖胭脂鱼成鱼，日投饵量按鱼体重的3%~5%一天投喂3次至4次，投喂采取少量多次的模式，尽量保证每次投喂的饲料被鱼吃完，避免饲料溶于水中污染和浪费。每月注水两次，10~11月份上市，亩产300千克左右，亩产值15 954元、利润6 176元左右。

2. *池塘套养* 在主养其他鱼类的池塘，每亩投放规格15厘米左右胭脂鱼种50尾。生产中无需增加特别措施，亩平增产胭脂鱼20千克左右，增收400元左右。武汉地区目前主要有4种方式：鳡鱼套养胭脂鱼方式，匙吻鲟、鳜鱼套养胭脂鱼方式，鲟、虾池塘套养胭脂鱼方式，鲢、鳙、草鱼套养胭脂鱼方式。

3. *网箱养殖方式* 胭脂鱼的商品鱼养殖除池塘养殖外，同样也能进行网箱养殖，网箱养殖胭脂鱼成鱼，在网箱选址、结构和设置同其他品种养殖相似，它的重点在于做好投喂和日常管理工作。网箱养殖胭脂鱼它的鱼种规格、放养密度、网目的关系如下：

**表 7　胭脂鱼鱼种规格、放养密度、网目的关系**

| 鱼种规格 | 放养密度（尾 / 平方米） | 网目规格（厘米） |
|---|---|---|
| 3 ~ 5 厘米 / 尾 | 500 | 1 |
| 25 克 / 尾 | 250 | 2 |
| 100 克 / 尾 | 100 | 3 |
| 300 克 / 尾 | 50 | 3 |

胭脂鱼可通过诱食、驯化摄食软性的人工配合颗粒饲料，粗蛋白含量要求 35%以上，在箱底设置食料台，每天投饵 3 次，日投饵率 3% ~ 5%，一般成鱼产量可达 50 ~ 60 千克 / 平方米。

## （二）鱼种投放

1. 质量要求　鱼种体质上要求身体肥满结实，背阔，肌肉结实，体型正常，均匀，鳞片完整，体表光滑，色泽鲜艳，眼睛水晶体透明。捏在手中蹦跳激烈。放入有水的盆中，鳃部不张开，尾不弯曲，挣扎力强。在活水中集群顶游，逆水性强。在网箱中游动活泼，常密集在一起。同一批鱼在规格上要求大小均匀，体长、体重间比例适中。

2. 鱼种下池注意事项

(1) 鱼种放养最宜在春节前进行，最迟不超过 2 月底，因为春节前水温低，鱼种鳞片紧密，活动力小，运输方便，放养时不易受伤。避免下雨、下雪、冰冻、大风、高温天放养。网箱养殖，鱼种入箱应在水温回升到 10℃左右时进行，以尽早入箱为好。

(2) 鱼种放养前，鱼池要进行清整消毒。方法同常规养殖鱼类。

(3) 鱼种下池前，应将氧气袋放入所投放的池塘水体中，待袋内温度与池塘水温相差在2℃内方可下池。

(4) 鱼种消毒。一般采用按3%~5%浓度食盐水，浸洗5~10分。鱼种下池应将装鱼种的器皿贴近池塘水面，让鱼种自行游入池塘，放入池塘时应计数，并做好记录。

**(三) 日常管理**

除调控良好的水质、投喂幼稚鱼的饲料外，还应勤巡塘，勤洗饵料台。每天巡塘3次，观察池鱼的摄食、活动和池水变化等情况。检查进排水设施，尤其在天气骤变和暴风雨来临之际，要加强巡视，发现问题及时处理。

## 第四节 饲养管理

### 一、水质调控

1. 苗种培育水质调控 通过合理注水、施肥等措施，使池水既有丰富的适口天然饵料，又有充足的溶氧，是提高鱼苗成活率的有效措施之一。并可使水质达到“肥、活、嫩、爽”，水体透明度在30~40厘米。具体操作要点可归纳如下：

(1) 浅水、肥水下塘。

(2) 分期注水。随着鱼苗的成长和水质转浓，须及时采取冲注新水措施，扩展鱼苗生活空间和改良生活环境。一般每3~5天加水1次，每次注水10~15厘米，早期注水量可小一点，一次注水5~10厘米，注水时间选择在晴天中午进行。炎热夏天，适当增加注水量和注水次数，把水位加深到1米以上，注水时间也改为下半夜或清晨进行。

(3) 合理施肥。在鱼苗培育前期，施肥培水是培养幼苗天然饵料食物的重要途径。鱼苗下塘后，开始摄食小型浮游生物及其幼体，随着鱼苗生长，培育池中浮游动物数量也不断减少。因此，鱼苗入池后要及时向池塘施追肥。方法是：采用豆浆或发酵的有机粪肥，每隔 3~4 天施肥 1 次，每次每亩泼洒 50 千克发酵腐熟的牛粪、鸡粪等，并结合每天泼洒黄豆浆、渣（既作为饵料被幼苗直接摄食，又有肥水作用），可满足鱼苗的摄食要求。

在生产上，采取施肥措施时，要灵活掌握施肥次数和数量，防止水质过肥而影响鱼苗生长。若水质较肥，应减少或停止施肥，并冲注新水，改善水质。可以说，正确处理好施肥与注水、施肥与投饵的关系是苗种培育的关键和难点所在。

2. 成鱼养殖水质调控　水质调控是日常管理工作的中心环节。胭脂鱼喜生活在清新的水体中，要求溶氧量高。因此，要特别加强水质调控。做到勤换水，正常情况下，每周可一小换，换注新水 1/3，半月一大换，换水 2/3。随着鱼体长大，水质渐浓，适当增加换水次数，高温季节更应每天进行换水，并定时开动增氧机，保持池水溶氧丰富，透明度在 40 厘米以上。这样可以促进饲养鱼食欲和减少疾病发生。此外，养殖者在定期泼洒生石灰、漂白粉等消毒药物调节水体的同时，也不妨向池塘施用光合细菌、EM 菌液等改良剂，这对改善池塘底层供氧和改良水体环境具有很好的效果。

## 二、投饲管理

### （一）苗种培育投饲管理

1. 饲料要求　稚鱼的开口饵料以轮虫为主。人工饲养，除采取施肥、注水等措施，促使水中天然饵料生物繁生，供给稚鱼饵料外，也可以在自然水体中人工捞取（采用40～60目纱绢制作捞网）轮虫、硅藻、草履虫等浮游生物，或投给高蛋白的粉状饲料（如煮熟的蛋黄粉、鳗鱼专用饲料、奶粉等），补充天然饵料的不足。待幼苗体长至2厘米左右，逐渐增加投喂枝角类、桡足类生物，体长达2.5厘米改投切碎的水蚯蚓或鱼畜肉糜、鱼粉等；体长3～3.5厘米以后，可直接投给鲜活的水蚯蚓。概括地说，适于饲喂胭脂鱼苗种的饲料可粗略地划分为两大类：一是鲜活饵料，如轮虫、藻类、枝角类、桡足类、水蚯蚓、摇蚊幼虫等。这类饵料生物，可通过培肥水质，或人工专用池培养及于自然水体中捞取获得；二是粉状精饲料，如鳗鱼料、甲鱼料、鱼粉、黄豆粉、花生麸等。据试验分析，利用水蚯蚓饲喂1龄胭脂鱼种，养殖效果最好，其饵料系数约为4.5（湿重），体长日生长率达1.06%以上。

2. 投饲方法　鱼苗鱼种阶段，日投饲3～4次。投喂前，所有的鲜活饵料均应清洗洁净，水蚯蚓最好用3%～5%食盐溶液浸洗几分钟或每10天1次添加投喂土霉素（每千克红虫用量2～3克）或呋喃唑酮（每千克红虫用量1～2克）药饵，以防感染疾病。花生麸则先用清水浸泡、发软后泼浆投喂。一般鲜活饵料投饲量为体重的15%～20%，精饲料投饲率为5%～8%。

多采取大面积泼洒食物的方法，便于幼苗随机、随时摄食；以后逐渐缩小投食范围，最终，择一浅水区域，选1～2处土质坚硬、无淤泥的地点，固定投饲。逐渐养成幼鱼定点、定时集中上食台的习惯，提高饲料效率。如经常投喂肉糜、水蚯蚓之类易沉结团的食物，池中最好设有饵料台，可用数根竹桩或木桩作为支撑，在距水面下 40～50 厘米处绑扎密眼网片或薄竹片编制成的竹垫，四周用小木块或竹片做框架。饵料台规格 1 米×2 米×8 厘米，于池边 1～2 米处设置。

### （二）成鱼养殖投饲管理

1. *饲料要求* 成鱼养殖投喂饲料也以水蚯蚓饲养效果最佳。实际生产上，可根据饲料来源，主投当地易获得的螺蚌肉、小鱼虾、畜禽内脏或人工培育陆生蚯蚓、蝇蛆等鲜活饵料；以降低养殖成本，大规模养殖时，可通过诱食，驯化摄食人工配合饲料。人工颗粒饲料的蛋白含量必须在 35%以上。掌握胭脂鱼对饲料中粗蛋白和粗脂肪的要求均较高的特点，人工配合饲料可自行配制。

2. *投喂方法*

(1) 饵料台的规格和设置。一般四大家鱼的饵料台为三角形，正方形，也有的池塘采用投饵机。胭脂鱼因性情温和，摄食缓慢，因此胭脂鱼饵料台均为长方形，一般长 3 米，宽 1 米，在池边先固定木桩，再将饵料台固定其上，一般 2～6 亩的池可设置 2～4 个饵料台，饵料台设在池边长的一方。

(2) 驯食的方法。驯食开始，以水蚯蚓浆或鱼肉糜作诱食剂，拌和人工配合饲料投喂。待鱼稳定上食台后，逐日减少诱食剂比例，约经 7～10 天可不加诱食剂，完全投喂人工配合饲料。也有的养殖单位采取将动物肉糜与花生麸、豆粉、油糠等来源较广的饲料拌合在一起长期投喂，养殖效果也较理想。

(3) 投饲量。胭脂鱼全年均有摄食行为，只是不同季节摄食强度不同。因此，针对这一特点，我们在不同季节的日投饲率也有所差异。一般 4～5 月日投饲量按体重 3%～5%，6～8 月按 5%～8%，9～10 月按 3%～5%，11～12 月按 1%～2%，

1～3月少量投喂。如投给的饲料全部为鲜湿性饵料，则日投饲率还要相应提高2%～3%。在实际养殖中，每日投饲量还应根据天气、水温、溶氧及池鱼摄食情况等灵活掌握；依照“四定”原则，保证饲养鱼吃匀、吃好、吃饱。

# 第五节 病害防治

## 一、预防措施

胭脂鱼得病与水质、季节、体质等因素有较大的关联。因此要预防疾病的发生和传播，必须做好如下几个方面的工作。

1. 病害与水质的关系　养鱼水质的总的要求是“肥、活、嫩、爽”。也就是水质要肥，天然生物饵料多而又清爽，不浑浊，有一定的透明度（25～30厘米），溶氧量高，有利于有机物的分解转化。胭脂鱼要水质清新、溶氧充足的环境，溶氧要求不低于5毫克/升，pH值7.5～8.5之间。为减少鱼病的发生，在水质方面应该做好加注新水，2–4月份、8～10月份每月加水不应少于4～5次，每次加水约20厘米，其余时间每月1～2次，透明度低于30厘米应及时换水。

种植水生生物。畜禽排泄物落塘及残饵，水生动物排泄物经细菌分解，容易产生氨、亚硫酸盐及其他有害物质，易造成水质恶化，可在池塘向阳避风处用竹木打桩圈围50～60平方米水面种植水浮莲，经过发达的根系吸收池塘中过量的氨氮等。正确、合理使用增氧机。一般是晴天中午开，阴天清晨开，傍晚不开机，连绵阴雨天半夜开，浮头早开。一次开机2～3小时，目的是将表层溶氧量高的水体带到底层去，再将底层淤泥水带到表层来，促使有毒气迅速逸出，加快游泥中有机物质分解，保持水体中溶氧量均衡，促进生长，减少疾病。

2. 病害与季节的关系　胭脂鱼一般情况下在清明和白露前应进行预防，防止鱼病的蔓延，投喂添加 0.5%维生素 C 和 0.02%维生素 E 的颗粒饵料，每月投喂 0.1%氟苯尼考药饵 3 ~ 5 天，也可用一元笑全池泼洒。

3. 病害与体质的关系　鱼类的体质与是否感染疾病是有密切关系的，体质健壮的鱼不易得病。因此鱼在转移、运输、气温变化、水质变化过程都要加强消毒和预防措施，特别是培育管理阶段中，一定要坚持“四定”的培育方法，即“定质、定量、定时、定位”，且“四定”的内容要根据季节、气候、水温、生长环境的变化而变化。这样才能培育出健壮的鱼，才能抵御疾病的侵害。

4. 预防病害的方法及药物　预防疾病归纳起来是要加强巡池，观察鱼的生长状况、活动情况，观察水色、透明度、溶氧量，观察鱼的摄食情况，定期检查鱼的体色和各部位的异常，注意气温、水温的变化。在气候交替季节要加强预防，预防一般采用药饵、泼洒消毒两种方法。胭脂鱼疾病预防和治疗严禁使用美曲膦酯，适用的预防药物有聚维酮碘、高锰酸钾、氟苯尼考、一元笑、出血停、烂鳃停、保肝宁等药物。

## 二、常见病害的诊断与治疗

### （一）诊断方法

鱼病的诊断是先看，即“目检”，仔细观察鱼体表各部位有无充血、发炎、脱鳞、溃烂、变色、黏液增多、肿胀、畸形和大型寄生虫。结合观察池塘是否有异常现象，了解培育管理中是否投喂过量，饲料质量是否合格，是否有拖网、分塘、运输等原因造成鱼体受伤感染，水体是否受到污染，水质水温的变化情况，养殖水域周围农田施药情况，做出初步判断。再结合镜检，对鱼体的黏液，鳃进行筛检，同时打开鱼腹腔，对其组织和器官进行筛检，最后确定病症，对症下药。

### （二）常见病害防治

1. 肠炎病

(1) 病原。肠型点状产气单胞菌。

(2) 症状。病鱼食欲明显减退甚至停食，离群独游，鱼体体色变黑，腹部膨大，胃、肠内多无食物，肛门外突充血红肿，严重时消化道充血发炎，甚至糜烂。

(3) 危害。此病为胭脂鱼鱼种及低龄鱼的主要病害，6～9月份流行，发病水温22～32℃，在饲料不足及环境条件差的情况下易引起大量死亡。

(5) 防治方法。定期换水，高温季节每半月加注新水一次，并用1克/立方米漂白粉或0.3～0.5克/立方米强氯精全池泼洒。投饵要做到“四定”，定期对饵料台消毒。拌药饵投喂：每千克鱼2～4克大蒜素或0.25～0.5克鱼服康为预防剂量；5克大蒜素或0.5～1克鱼服康为治疗剂量，每天一次，连用3天。

2. 烂鳃病

(1) 病原体。鱼害粘球菌。

(2) 症状。病鱼离群独游，行动迟缓，或聚集在增氧机和气头周围呈暗浮头状。食欲减退或不吃食，鳃丝腐烂，呈白色黏液增多。

(3) 危害。苗种和成鱼养殖阶段都有发生。发病季节多为高温的 8 ~ 9 月份，水温 25 ~ 33℃。

(4) 防治方法。大量加注新水，改善池塘水质条件。1 克 / 立方米漂白粉或 0.25 毫升 / 立方米聚维酮碘全池泼洒。连续 2 ~ 3 天每 100 千克鱼用鱼服康或肠鳃灵 50 ~ 100 克拌饵投喂。

3. 打印病

(1) 病原体。点状产气单胞菌点状亚种。

(2) 症状。体表出现红斑，随后鳞片脱落，肌肉腐烂，形成一个圆形小坑。病鱼身体消瘦，食欲不佳，逐渐死亡。

(3) 危害。此病多发于亲鱼养殖过程中，各地均有发生，无明显流行季节，死亡率较高。

(4) 防治方法。注意养殖过程中水质调节，保持水质清新。对病鱼注射庆大霉素，剂量为每千克鱼重注射 3 000 单位，外用红霉素或碘酒涂抹患处。每星期一次，3 次为一疗程。全池同时泼洒聚维酮碘 0.3 毫升 / 立方米。

4. 车轮虫病

(1) 病原体。车轮虫。

(2) 症状。严重时鱼体表分泌大量黏液，在水中观察较为明显。

(3) 危害。多发于鱼苗生长阶段的 5 ~ 6 月份，连续阴雨天气最易发生，可引起鱼苗大量死亡。

(4) 防治方法。用鱼广灵 0.5 毫克 / 升全池泼洒。胭脂鱼对硫酸铜敏感，故不宜使用。

5. 锚头鳋病

(1) 症状。在体表寄生，导致寄生周围组织产生炎症、红肿，可引起摄食差、鱼体消瘦，严重时可导致亲鱼性腺发育不良、死亡。此病多发于亲鱼养殖过程中。

(2) 防治方法。用 0.3 ~ 0.5 克 / 立方米美曲膦酯全池泼洒。每周一次，连用 2 ~ 3 周。对已寄生的鱼可用手除或 1%高锰酸钾涂抹虫体。

6. 腹水病

(1) 病原。爱德华氏菌

(2) 症状。病鱼腹部膨胀，肝门红肿，解剖腹部有大量出血性腹水，该病发病初期症状不明显，病鱼较难发现

(3) 防治方法。将症状明显的重病鱼从养殖池中挑出，放入独立的水槽中暂养，用氟苯尼考药饵（0.2‰）5 天，用一元笑和聚维酮碘消毒 2 小时，每天一次，连续三次，病情较轻的方可挤压腹部，导出腹水，其存活率较大。

7. 脂肪肝病

(1) 症状。鱼的肝脏呈红色，严重时呈米黄色，视为营养性病变。该病发病时间长，在短期内难治愈，

(2) 防治方法。应以预防为主，饲料中添加 0.5%维生素 C 和 0.02%维生素 E，或用保肝宁拌饵投喂可改善症状。

# 第九章
# 草鱼池塘健康养殖技术

## 第一节 概 况

### 一、分类与分布

草鱼（*Ctenopharyngodon idellus*），俗称鲩、油鲩、草鲩、白鲩、草根（东北）、黑青鱼等。属鲤形目鲤科雅罗鱼亚科草鱼属。英文名：Grass carp。是草鱼属的唯一种。草鱼广泛分布于我国除新疆和青藏高原以外的广东至东北的平原地区。自 1958 年人工催产授精孵化成功后，已移植至亚、欧、美、非各洲的许多国家。

### 二、养殖现状与前景

草鱼是我国消费量最大的“四大家鱼”之一。由于草鱼苗种来源容易，生长速度快，能以各种水旱草为饲料，成为我国池塘、湖泊、水库各类养殖水体养殖的主导品种。目前，主要养殖模式有：池塘配合饲料主养，池塘常规养殖（以青饲料为主），网箱养殖，湖泊、水库增殖放流和大水面拦网养殖等。池塘配合饲料主养平均单产 1000 千克 / 亩，纯利 2000 元 / 亩；池塘常规养殖平均单产 500 千克 / 亩，纯利 1200 元 / 亩。草鱼养殖在我国淡水池塘渔业和天然水域综合开发利用上有着不可替代的作用，对稳定渔业生产，增加渔民就业和收入，保障市场水产品供应安全意义重大，经济效益、社会效益和生态效益十分显著。

# 第二节 生物学特性

## 一、形态特征

草鱼体略呈圆筒形，头部稍平扁，尾部侧扁，口呈弧形，无须，上颌略长于下颌，体呈浅茶黄色，背部青灰，腹部灰白，胸、腹鳍略带灰黄，其他各鳍浅灰色。鳞片较大，肠长为体长的三至四倍。

## 二、生态习性

1. 栖息　在天然环境中，草鱼喜欢水质清新、溶氧丰富的水体，主要分布栖息在水体的中下层。池塘养殖时，栖息水层随投喂的饲料品种而变化。草鱼游泳快，行动迅速，集群性强、抢食凶，摄食量大，池塘多品种混养时摄食能力强于其他品种，是商品饲料的主要摄食者。

2. 食性　草鱼是典型的草食性鱼类。在自然环境下，草鱼能以各种水草为食正常生长。在人工养殖下，稚鱼主要以浮游动物、豆浆为食；幼鱼主要以豆饼、菜饼、三等粉、小浮萍以及鲜嫩的水旱草为食；成鱼阶段以配合饲料、玉米、大麦和各种水生、陆生草类以及蔬菜瓜果茎叶为食。

3. 生长　草鱼是生长迅速的较大型鱼类。生长的适温范围为8～35℃，最适生长温度为20～28℃。2～3龄生长最快。在池养条件下群体生长速度1龄鱼一般100～200克，2龄可达1 000～1 500克，3龄2 500～4 000克，所以草鱼养殖周期为2～3

年。性成熟4～5年，5龄后生长速度明显减慢。1～3龄雌雄个体、生长速度相似。4龄后雌体生长速度快于雄体。

4. 繁殖　草鱼属于大江河鱼类。在天然条件下，我国主要大江河干流均有其产卵场，产卵季节亲鱼可游至产卵场进行产卵繁殖。目前人工繁殖技术成熟，采取合成激素人工摧产、授精、孵化的方式来获得大批量苗种。草鱼性成熟年龄和个体大小与纬度（热量）有密切关系。在我国华南，性成熟年龄为3～4龄，体重4千克左右；在华中，性成熟4～5龄，体重5千克左右；在东北，性成熟6～7龄，体重6千克左右。此外，性成熟还与营养条件有关，营养不同，性成熟年龄和体重也会出现差异。雄性还普遍比雌性早熟1年，个体也比雌性偏小。

## 第三节　健康养殖技术

### 一、鱼苗培育

鱼苗培育就是将膘点出齐的水花在小池塘中养至3厘米左右规格苗种的过程。在鱼苗培育过程中，必须依据其生物学特点创造良好的生长环境，精细管理，才能获得较高的养殖成活率。

#### （一）培育池条件

（1）交通便利，水源充足，排灌方便，水质符合无公害水产品生产标准。

（2）面积1～3亩，水深0.7～1.2米，方便水质调控和日常管理。

(3) 池埂坚固、不漏水，池底平坦。池底淤泥20厘米左右，无砖瓦石砾和杂草，方便拉网操作。

(4) 鱼池通风向阳，四周无高大树木遮挡，便于提高水温，加快有机物的分解和浮游生物繁殖，同时维持较高的溶氧水平。

**(二) 池塘清整消毒**

1. 清整　清除过多的淤泥，底泥深度以20厘米为好。整平崩塌的池埂，堵塞小龙虾洞、老鼠洞，除去树枝、杂草和砖瓦石块，以减少细菌和寄生虫生存条件，防止漏水跑苗，减少水鸟等敌害危害。

2. 清塘　池塘清整后曝晒数天，然后带水清塘，清塘药物与方法有：①生石灰清塘：选用干燥的管灰，用量150~200千克/亩。池塘水深10厘米，将管灰均匀多点投放，化浆后全池泼洒。水温18℃以上，药效期12天左右。②灭扫利、二氧化氯混合清塘：池塘水深20厘米，先用灭扫利清塘，用量50毫升/亩，化水全池泼洒。两天后用二氧化氯消毒，用量400克/亩，化水全池泼洒。水温18℃以上，药效期15天左右。两种清塘方法中，用生石灰清塘，底质改良效果好，施基肥后，肥水快，水色好。用灭扫利、二氧化氯混合清塘，对小龙虾、黄鳝、泥鳅杀灭效果好。使用时，可根据鱼苗池底泥厚度，敌害动物情况合理选用。

清塘能有效杀灭池塘中的细菌、寄生虫以及敌害生物，改良水质，促进轮虫卵的萌发。彻底清塘是鱼苗培育过程中的关键技术措施之一。

**(三) 培肥水质**

轮虫是鱼苗阶段的最佳适口饵料。清塘5~7天后，池塘注水，水深稳定在0.5米，进水时流量要小，用80目的纱绢布严格过滤大型浮游动物和野杂鱼苗鱼卵，为轮虫创造良好的生长环境。然后在池塘四角堆放腐熟的猪、牛粪（用量150～250千克/亩），或大草、艾蒿、蚕豆梗（用量300千克/亩）。在水温20～25℃时，6～8天轮虫达到高峰期。为准确判断轮虫是否达到高峰期，生产中可用低倍镜观察池水轮虫的种类和数量。如发现每个视野轮虫数量达到5个以上，并且是滤食性的臂尾轮虫时，说明此时正值轮虫高峰期，如发现水中有大量肉食性的晶囊轮虫时，说明轮虫高峰期即将结束。生产中常出现池水处于轮虫高峰期时水花不能购回的情况，这时可用0.2毫克/升美曲膦酯全池泼洒将枝角类杀灭，延缓轮虫高峰期，推迟放苗时间。

**（四）鱼苗放养**

1. 质量要求　鱼苗要求品种纯正（最好到有资质的原种场购买）、规格整齐、体质健壮、逆水性强。

2. 合理密养　培育池的条件、管理技术水平的高低、肥料的数量和质量、一定时期内预期出池规格的大小是决定投放密度的主要依据。一般投放密度小，鱼苗生长速度快，成活率高。投放密度大，个体间饵料、空间竞争矛盾大，生长速度慢，成活率低。在水温20～25℃，养殖时间20天，出池规格为寸片的条件下，鱼苗的适宜投放密度为10～15万尾/亩。

3. 科学投苗

（1）购买水花时，选择膘点出齐，在捆箱中喂过一遍蛋黄的水花。

（2）鱼苗经运输到达池边后，将尼龙袋放入池水中调节水温差，时间一般为15～20分钟。如遇晴天中午，应在尼龙袋上放置遮阳网或水草遮挡阳光直射，防止尼龙袋水温急剧升高。

4. 饱食下塘　将温差平衡后的鱼苗放入捆箱中30分钟，

等鱼苗排出体内积累的二氧化碳，适应池水环境在捆箱中能集群顶水后，投喂鸡蛋、鸭蛋黄水（每 10 万尾投喂一个蛋黄），20 分钟后将捆箱两角压入水中，让鱼苗自行游到池中。饱食下塘，能加强鱼苗下塘后主动摄食能力和提高对新的水环境的适应能力，提高放苗池的存活率。

### （五）日常管理

主要是调节水质、科学投喂、防病治病、做好记录等。日常管理要求每天巡塘 3 次，做到“三查”和“三勤”。（详见第四节）

## 二、鱼种培育

草鱼水花在培育池中养殖 20 天左右后体重增加了 100 倍以上，此时如果仍在原池中继续饲养，密度偏大，会导致鱼苗生长缓慢，病害增多。因此必须及时打网分池，进行鱼种培育，为成鱼配套生产大规格鱼种。

### （一）鱼池条件

两口鱼池为一生产组合（甲、乙），每口面积 2～10 亩，水深 2.0 米，水源充足，水质符合无公害水产品渔业用水标准，每亩按 0.5 千瓦配备增氧机（微孔管增氧设备按 0.1 千瓦配备）。鱼苗投放前 10～15 天，用生石灰 200 千克 / 亩或灭扫利 50 毫升 / 亩加二氧化氯 400 克 / 亩彻底清塘消毒。

### （二）培育天然饵料

鱼池清塘后，用 40 目的纱绢布严格过滤进水，进水深度 1.0 米。然后每亩施 400 千克粪肥或 500 千克大草作基肥，4 天后每亩追施 2.5 千克优质生物肥培养水蚤。用竹篙和宽度为 30 厘米的密网片将池塘拦出三分之一水面（网片下端入水 10 厘米，防止浮萍扩散。随着浮萍逐渐繁殖，面积扩大到二分之一水面)，在拦出的水面内投放芜萍或小浮萍种，每亩 20 ~ 25 千克。投放萍种后，每隔 3 ~ 5 天每亩用发酵的猪、牛粪 100 千克或 0.5 千克尿素加 0.5 千克过磷酸钙化水在投放了浮萍种的水面泼洒，加速浮萍繁殖。培育的水蚤、浮萍为草鱼种下池后产生暴长过程提供充足持续的适口天然饵料。

### (三) 适时下塘

草鱼苗下池的最适条件是：水蚤成团，呈淡黄色（如为红色，说明池水偏老)，水质较清，透明度 40 厘米，浮萍种刚好覆盖满池塘的二分之一水面。在水蚤高峰期适时下塘，可使鱼苗与天然饵料同步生长，形成暴发生长期。甲池鱼苗投放规格 2 ~ 3 厘米，密度 2.5 万尾 / 亩。（乙池待甲池打网分池时投放)

### (四) 合理套养

为充分利用水体，池塘可适度套养鲢、鳙、鳊、鲤、鲫、青鱼和名特优品种。投放品种、密度见下表。

**表 8　投放品种密度**

| 投放品种 | 规格<br>(厘米 / 尾) | 密度<br>(尾 / 亩) | 成活率<br>(%) | 起产规格<br>(克 / 尾) | 产量<br>(千克 / 亩) |
|---|---|---|---|---|---|
| 草鱼 | 7 ~ 8 | 10 000 | 70 | 100 ~ 200 | 600 |
| 鲢 | 5 | 1 200 | 90 | 100 | 200 |
| 鳙 | 4 | 400 | 90 | 250 | 75 |
| 鲫 | 4 | 1 200 | 90 | 100 | 100 |
| 青鱼 | 4 | 250 | 70 | 250 | 25 |
| 黄颡鱼 | 5 | 200 | 50 | 50 ~ 100 | 5 |
| 黑尾近红鲌 | 3 | 500 | 60 | 15 厘米 | 10 |
| 小计 | | 13 000 | | | 1 000 |

在投放时间上，为避免配养鱼投放过早与草鱼在饲料、水质和空间上形成矛盾，抑制草鱼生长，配养鱼应在保证出池规格的前提下尽量晚放（生产中各种配养鱼苗可集中在池中高密度屯养备用）。一般鲤、鲫、团头鲂、鳙可推迟30天投放，因鲢抢食凶，生长速度快，可推迟50~60天投放。

**（五）日常管理**

（1）坚持巡塘。每天早晨和下午各巡塘一次，观察水色变化和鱼的动态。发现浮头及时加水增氧；下午检查鱼的吃食情况和水色变化，确定次日投饵量和施肥量，并做好生产记录。

（2）适时注、排水，改善水质。通常每月注水2~3次。以草鱼为主体鱼的池塘要勤注水。7~8月高温季节，3~5天加水一次，每次加水10~20厘米。勤注新水，排除底层水。加水宜在凌晨进行，排水宜在中午进行，这样可促进水体上下对流，及时补充溶氧。

（3）分期拉网，提大留小，保持同池草鱼规格均匀。保持同池草鱼个体规格相对均匀是减少一龄草鱼种病害发生、提高存活率的关键。生产中每月打网一次，及时提大留小，将头子鱼筛出套养到成鱼池中。

（4）坚持四定投喂原则。即定时、定点、定量、定质。

（5）做好病害防治工作。特别是高温季节，必须加强病害防治，否则会造成病害流行。夏花下塘时必须采用药物浸浴。通常将夏花放在20毫克/升的高锰酸钾溶液中浸浴15~20分钟。养殖期间应经常洗刷食台，捞除残饵，保持食场的清洁卫生。鱼病高发季节，每半月用200~300克漂白粉对食台及周边消毒。每20~30天用30毫克/升生石灰全池泼洒。

（6）做好防洪、防逃措施。夏季雨水多，汛期长，应防止因洪水冲垮或淹没鱼池而逃鱼，造成不应有的的经济损失。

（7）要认真做好鱼种饲养管理记录，建立鱼池档案，以便总结经验，改进工作。

## 三、成鱼养殖

### （一）池塘条件

池塘面积10～15亩，最大水深2.5米，每亩按0.2～0.3千瓦配备增氧设施，每5～7亩安装投饵机一台。水源充足，水质符合无公害渔业生产标准。交通便利，方便饲料、肥料、鱼种、成鱼运输。

### （二）池塘准备

1. 鱼池清整　一般在每年冬季，排干池水，挖去过多淤泥堆放在池埂上，作为来年青饲料种植的肥源。池底须冰冻日晒半月以上，以杀灭鱼池中的病原体和其他有害生物，促进有机物分解。同时整修加固池埂，堵塞漏洞，铲除杂草。

2. 药物清塘　清塘是成鱼养殖的重要环节之一。可采用以下方法之一彻底清塘：

（1）生石灰清塘。选用干燥的管灰，用量200千克/亩，化水全池泼洒。

（2）灭扫利清塘。池塘加水10厘米深，用量50毫升/亩，化水全池泼洒。

（3）漂白粉清塘。池塘加水5厘米，用含有效氯30%的漂白粉10千克，化水全池泼洒。

### （三）鱼种投放

1. 鱼种质量及鉴别方法

（1）质量要求。品种纯正、规格整齐、体质健壮、鳍条（附肢）齐全、无病无伤。

（2）鉴别方法。一看鱼种规格是否整齐。同一鱼池同种鱼的出塘规格若整齐、均匀，通常体质较健壮。个体差异大、参差不齐则为劣质鱼种，一般多因抢食、种质混杂、饲养较差等原因所致，这类劣质鱼种的成活率很低。二看鱼种体色是否有光泽。优质鱼种体色鲜艳而富有光泽。鱼种体表的光泽是由于体表覆盖的黏液层所致,富含蛋白酶、溶菌酶等,具有保护鳞片、让皮肤免受病虫害侵袭的作用,是鱼体自身防御疾病的第一道屏障。三看鱼种活动是否活泼。优质鱼种行动活泼，集群性强，受惊时迅速成群潜入水底,抢食力强，逆水性强,密集时头朝下，仅能看到尾部在不断的扇动。弱鱼苗或病鱼则行动迟缓、不集群、抢食能力弱、逆水性差。

2. 投放时间　从冬至到立春是放养鱼种的最好季节，因为这段时间水温较低，鱼的鳞片紧密，便于捕捞操作和运输，这样可提高鱼种的成活率。

3. 主要技术措施

(1) 苗种放养前必须进行“试水”，看清塘药物毒性是否消失。方法是在鱼池中安置一个小网箱，放入 5～10 尾苗种，24 小时内苗种活动正常则表明水无毒，可以放养苗种。若发现苗种有异常反应或死亡，则表明水体毒性未消失，不宜放养苗种。

(2) 放养鱼种应选择在晴天的上午 9 时左右进行。此时温度适宜、溶氧丰富，有利于提高苗种成活率。

(3) 鱼种下塘前要对鱼体进行消毒，以杀灭鱼体上的病原体。主要方法有食盐水消毒和高锰酸钾溶液消毒。食盐水消毒：每 100 千克水加入食盐 3～4 千克。充分搅拌均匀，制成食盐水消毒液后，将鱼种缓缓放入消毒液中，浸洗 5～8 分钟。高锰酸钾溶液消毒。每 100 千克水加入高锰酸钾 2 克，充分搅拌溶解制成高锰酸钾消毒液后，把鱼种放入消毒液中。温度为 10～20℃

时浸洗 20～30 分钟，温度为 20～25℃时浸洗 15～20 分钟。

(4) 鱼种下塘装鱼用水要与池塘用水温度基本一致，温差不能超过 3 ℃。

## （四）养殖方式

以草鱼为主，采取多品种、多规格混养方式。在总产 1000 千克 / 亩的产量下，草鱼产量（含套养的大规格鱼种）占 60%，花白鲢产量占 30%，鲤、鲫等名特优品种产量占 10%。适宜套养的品种有白鲢、花鲢（白鲢与花鲢尾数比为 5:1）、团头鲂、鲤鱼、彭泽鲫等，名特优品种有甲鱼、黄颡鱼、细鳞斜颌鲴、黑尾近红鲌等，用配合饲料主养草鱼成鱼，投放与收获情况见下表。

**表 9　投放与收获情况**

| 品种 | 规格（克 / 尾） | 密度（尾 / 亩） | 预计存活率（%） | 起产规格（克 / 尾） | 产量（千克 / 亩） |
|---|---|---|---|---|---|
| 草鱼 | 100～200 | 400 | 85 | 2 | 600 |
| 鲢 | 200 | 250 | 90 | 1 | 200 |
| 鳙 | 250 | 50 | 90 | 1.5 | 75 |
| 鲫 | 100 | 400 | 90 | 0.4 | 100 |
| 青鱼 | 1 000 | 2 | 100 | 4.5 | 10 |
| 团头鲂 | 50 | 60 | 90 | 0.5 | 25 |
| 小计 | | 1 162 | | | 1 010 |
| 套养名特优品种 | | | | | |
| 甲鱼 | 300 | 50 | 90 | 0.75 | 30 |
| 黑尾近红鲌 | 17 | 100 | 80 | 0.4 | 30 |

注：1. 池中可套养草鱼寸片 500 尾 / 亩。如有配套的鱼种培育池，可套养分池出的头子草鱼 200～300 尾 / 亩。

2. 名特优品种中可任选一个品种套养。

### （五）日常管理

1. 合理使用增氧机防泛塘　池塘必须配备增氧机，并合理使用。4月中旬开始，一般晴天中午开增氧机1～2小时，6～9月除每天后半夜开机至黎明外，晴天中午须开机2小时加快上下水层对流，提高溶氧，促进有机物分解。合理开增氧机，能预防浮头，防止泛塘，有利于防病治病，达到稳产、高产的效果。

2. 定期排灌水　要定期排放池塘内的老水，加注新水。每次换水量为池塘总水量的1/4～1/3，以稀释有害物质，增加外源浮游动植物品种和数量。

### （六）病害防治

每半个月用生石灰或含氯制剂或碘制剂，按规定用量全池泼洒，进行消毒预防。同时，定期在饵料中添加大蒜素、维生素C、保肝护肝药物等进行投喂，预防疾病的发生。

### （七）科学经营

为降低成本，提高效益，成鱼生产销售应掌握以下原则：

⑴ 提高单产，特别是要提高名特优配养鱼比例。

⑵ 避开冬季湖泊起产期，反季节上市，提高销售价格。

⑴ 充分利用当地廉价易得的饲料、肥料资源和空闲地种植青饲料，降低生产成本。

# 第四节　饲养管理

## 一、水质调控

### （一）水质要求

良好的养殖水质应达到“肥、活、嫩、爽”。“肥”就是池水含有丰富的有机物和各种营养盐，透明度25~30厘米，繁殖的浮游生物多，特别是易消化的种类多。“活”就是池塘中的水色和透明度随光照而变化。“嫩”就是水色肥而不老，易消化浮游植物多。“爽”就是水质清爽，水面无浮膜，混浊度较小，透明度大于20厘米，水中溶氧量较高。

**（二）调控措施**

1. 科学施肥　根据季节、水质施肥。春秋两季水温低，池水溶氧量高，以有机肥为主，同时，多施氮肥。夏季池塘水温高，物质循环快，容易出现缺氧情况，应以无机肥和生物肥为主，同时多施磷肥，以磷促氮。合理施肥的目标是：既要满足花白鲢生长，又要优化水质，创造草鱼适宜的生长环境。施肥原则是少施、勤施、晴天中午施，防止施肥过量造成缺氧浮头翻池。施肥方法为：有机肥（腐熟的粪肥或大草）用量200千克/亩，堆放在池埂边或池塘四角，15天施用一次。无机肥（碳酸氢铵、过磷酸钙、尿素）用量：碳酸氢铵加过磷酸钙各10千克或尿素5千克加过磷酸钙10千克化水全池泼洒，7天一次。生物肥（满水活、酵菌素复合肥等）用量：2~3千克/亩，化水全池泼洒，5天一次。

2. 适时加注新水　在早春和晚秋，每半个月加水一次；6~9月，每7~10天加注新水一次。每次加水量20厘米左右。春季浅水有利于提高水温，促进浮游生物生长；夏秋季随着鱼的生长而加大水深，以增大鱼的活动空间，促进鱼类生长。

3. 定期搅动塘泥　选择晴天中午，用铁链、石链、铁耙等搅动塘泥，每月1~2次，可翻松底泥和使上下水层交流混合，促进池底有机质的分解，释放出底泥中沉积、吸附的营养盐和微量元素。

4. 使用增氧机　在池中开动增氧机，增加水中溶氧量。一般晴天中午开机，阴天下午或次日清晨开机。阴雨连绵或由于水肥鱼多，应在浮头之前开机。有条件的还可使用微孔管、耕水机增氧。

5. 施入生石灰　每半个月 1 次，每亩施入生石灰 15 ~ 20 千克。生石灰在水中分解后能中和有机酸，释放出被淤泥吸附的氮、磷、钾等元素而使水变肥，其中的钙离子也为动植物所吸收，加速有机质分解。

6. 施用生物制剂　使用光合细菌、芽孢杆菌等生物制剂能促进有机物分解，改良水质，预防病害。

7. 调节池水酸碱度　一般 pH 值保持在 7.0 ~ 8.0，有利于鱼类生长。水的酸度太大，须尽快加入适量生石灰中和；当 pH 值超过 8.5 时，可适量施入酸性肥料中和。

## 二、投饲管理

### （一）鱼苗投喂

1. 精细投饵　鱼苗下池后的前四天，每天用 1 千克黄豆磨浆全池泼洒，上下午各一次，既为鱼苗提供直接饵料，未利用的豆浆又可培肥水质，促进枝角类、桡足类繁殖生长。随着鱼苗生长，从第五天开始用豆饼浆或廉价的面粉代替豆浆投喂，用量由 1.5 千克 / 亩逐步增加至 3 千克 / 亩。为保证鱼苗匀食、足食，豆浆投喂要做到细如雾，全池泼洒均匀，豆饼浆投喂时先用三分之二量全池均匀泼洒，再用三分之一量沿池边加喂一遍，适应草鱼苗喜好在池边摄食的特点。面粉投喂，有风时在池塘的上风处泼撒，无风时，沿池埂满池泼洒。

2. 及时追肥　鱼苗下池第五天后开始使用优质生物肥，用量为每次 2.5 千克 / 亩，6 天一次，化水后全池泼洒。采用有机肥与生物肥交替混合的追肥方法培育鱼苗，既能高产快速培育大型浮游动物和浮游植物，减少精料用量，降低劳动强度，又能增加溶氧，改善水质，是近年来总结的提高鱼苗存活率的培育新技术。常用的有机肥包括腐熟的猪、牛粪和各类杂草、艾蒿、蚕豆梗等。各地可根据来源条件因地制宜选用。使用方法上，腐熟的猪粪、牛粪全池泼洒或池边堆施，大草堆放在池塘四角沤肥。追肥的时间与数量应根据水色判断，一般每 7 天追肥一次，每次用量 50～100 千克 / 亩。如培育期间遇持续低温，每亩可用 1 千克尿素加 3 千克过磷酸钙全池泼洒，加快水质变化。

### （二）鱼种投喂

当培育的浮萍利用完后直接投喂草鱼鱼种颗粒饲料。配合饲料用投饵机投喂，一般每 5 亩面积配投饵机一台。开始时先喂破碎料驯化投喂，当鱼苗长至 10 厘米以上时，换成粒径 2 毫米的鱼种料投喂。由于草鱼集群性强，与其他鱼类相比驯化比较容易。投饵工作的重点是正确掌握投喂量，让鱼吃饱、吃匀。投饵率分配见下表。

表 10　投饵率的分配

| 时间 | 6 月 | 7 月 | 8 月 | 9 月 | 10 月 | 11 月 |
|---|---|---|---|---|---|---|
| 投饵率 | 5% | 4.5% | 4% | 3.5% | 2.5% | 1.5% |

表中列出的是一段时间内的参考投饵率，落实到每天每次投喂还需根据天气、水质等因素正确判断，避免投喂过量，浪费饵料，增加养殖成本。用投饵机投喂，正确的投喂量判断标准为：当鱼群由水面激烈抢食到逐渐散开，水面趋于平静，只有少数个体上浮吃食时停止投喂，日投喂三次，时间分别为 9：00、13：00、16：00。投饵时还应密切注意天气变化，当天

气闷热和浮头严重时，池水溶氧量低，饲料消化利用率低，上午投饵时间应向后推迟或减少一次投喂。

### （三）成鱼投喂

1. 投饲原则　坚持“四定、三看”的投饵原则，“四定”即定质、定量、定时、定位；“三看”即看天气、看水质、看鱼情。投饲要根据养殖品种和养殖条件，做到“匀、足、好”。

2. 投饲要求

(1) 选择专用配合饲料。选择草鱼成鱼专用配合饲料，蛋白质含量在30%以上，达到营养全面均衡，促进鱼类快速生长。

(2) 严把饲料质量关。配合饲料应选用质量达标的大厂产品，颗粒大小、长短要与养殖对象口径相符合。青饲料要求鲜嫩、无根无泥。

(3) 确定适宜的投饲量。要根据水产品存塘数量及天气等确定投饲量，保证养殖对象吃饱不浪费。

颗粒饲料要驯化投喂，草类应专设固定框架，食场附近每周消毒一次，及时捞除残渣余饵，以免污染水体。在长江流域，4月和11月水温低时，日投喂两次，即上午9：00，下午14：00；5月和10月日投喂三次，即9：00、13：00、16：00；6–9月鱼类生长高峰期，日投喂四次，即8：00、11：00、14：00、17:00。

# 第五节　病害防治

## 一、病因

### （一）由饲料引起

主要包括以下三点：

（1）投喂不足。使部分个体长期处于饥饿状态，身体消瘦，抵抗力差。

（2）投喂过量。草鱼体内缺乏纤维素分解酶，对纤维素的消化能力差，长期过量投喂，易诱发肠炎病。

（3）饲料营养成分不全面。配合饲料中，必需氨基酸含量不足，个体生长缓慢。微生素、矿物质含量不足，易引起肝胆综合征。

（4）饲料不新鲜。霉烂、变质的颗粒饲料和带泥、放置时间过长的水旱草，易诱发肠道疾病。

### （二）水质恶化

养殖水体溶解氧偏低，亚硝酸盐、氨氮、硫化氢超标，并长时间得不到改善，将降低草鱼的抵抗力，诱发细菌、病毒性疾病。

机械损伤和应激反应。在鱼种投放和成鱼捕捞上，操作不小心易损伤鱼体。伤口会成为各种病源侵入的途径并引发疾病。换水时，一次性换水量过大，容易引起水温突变，造成留塘鱼生活规律剧烈变化，致使鱼机体免疫力下降，引起病害。

## 二、预防措施

### （一）优化池塘养殖环境

1. 合理投放　根据养殖水体条件和管理水平高低，确定最大产量，依据品种的食性、食物键关系、栖息水层合理确定主套养鱼的品种和比例关系。使养殖池塘物质充分循环，空间充分利用，在稳产高产前提下，相对降低单个品种投放密度，减少病害在同一品种间的传染机会。

2. 保证池水充足的溶氧　溶氧不仅是鱼类生存的基本要

素，同时也是池水中有机物氧化还原的重要物质。当池水溶氧高时，鱼类的代谢产物被氧化成无害物质，反之，当溶氧低时，代谢产物被还原成氨氮、硫化氢等有害物质，造成池水恶化。良好的池水溶氧全天应保证在 5 毫克 / 升以上。

3. 经常施用水质改良剂　改良剂有生石灰、微生物制剂、底质改良剂。生石灰用量：50 克 / 立方米；微生态制剂，在春秋两季每 20 天施用一次，夏季每 10 天施用一次。如池塘淤泥过深，在高温季节可选择底质改善剂使用。

### （二）健壮的苗种

投放体质好、健康无病的苗种是草鱼养殖的基础。鱼种投放时应重点做好以下几点：

⑴ 选择优良亲本繁殖的水花培育苗种。

⑵ 下塘前严格消毒。常用药物有：高锰酸钾 10 毫克 / 升浸泡 5 分钟或 3%食盐水浸泡 5 分钟。

⑶ 接种四联四价草鱼灭活疫苗

特别是采取投放 100 ~ 200 克 / 尾鱼种用颗粒饲料养殖成鱼模式的池塘。

### （三）定期药物预防

池塘精养草鱼，发病具有明显的规律性。每年的 4 月、9 月是寄生虫病发生的高峰期，可用美曲膦酯 0.3 克 / 升或含量 1.8%阿维菌素 0.08 毫升 / 立方米及时杀灭中华鳋、锚头鳋、指环虫等寄生虫，预防寄生虫病发生。5 ~ 8 月是细菌性和病毒性出血病的高发期，可每隔 20 天用二氧化氯 200 克 / 亩或生石灰 50 克 / 升预防。同时每月投喂颗粒药饵一次，三天一疗程，预防肠炎和肝胆综合征。

## 三、常见病害的诊断与治疗

1. 水霉病

（1）病原、症状与流行情况。水霉病又叫肤霉病。病原为水霉、绵霉两个属的种类。疾病早期，肉眼看不出有什么异状，后期，菌丝不仅在伤口侵入，且已向外长出外菌丝，似灰白色棉毛状，故俗称长毛，或白毛病。鱼体受病源寄生刺激后，焦燥不安，食欲减退，最后瘦弱而死。冬春季节转运鱼种时，鱼体受伤易发生此病。

（2）防治方法。①鱼体转运时应尽量避免鱼体受伤。②鱼种下池时用 10 毫克 / 升高锰酸钾或 3%的食盐水浸泡 5 分钟。③全池泼洒亚甲基蓝，使池水成 2 ~ 3 毫克 / 升浓度，隔两天再泼 1 次。

2. 车轮虫病

（1）病原、症状与流行情况。病原为车轮虫和小车轮虫。主要寄生在草鱼苗种的鳃和皮肤上，引起鳃丝、体表大量分泌黏液，引起食欲不振，停食死亡。车轮虫病主要发生在寸片培育过程中。

（2）防治方法。①硫酸铜，0.8 ~ 1.2 毫克 / 升浓度，全池泼洒，或用硫酸和硫酸亚铁合剂（5∶2）1.2 ~ 1.5 毫克 / 升浓度，全池泼洒。②甲醛，浓度为 25 ~ 30 毫克 / 升，全池泼洒，隔天再用 1 次。

3. 烂鳃病

（1）病原、症状与流行情况。病原为柱状屈挠杆菌。被感染的病鱼行动缓慢，反应迟钝，食欲减退，常离群独游。体色变黑，尤其头部颜色更为暗黑，因而称此病为“乌头瘟”，病情严重时鳃盖开天窗、鳃丝腐烂，附着许多黏液和污泥。本病水温 15 ~ 30 度时易暴发流行。

(2) 防治方法。①在发病季节，每月全池遍洒生石灰 1 ~ 2 次，使池水的 pH 保持在 8 左右（用药量视水的 pH 而定，一般为 15 ~ 20 毫克 / 升）。②二氧化氯全池泼洒，浓度 200 克 / 亩。在遍洒外用药的同时，可选用下列一种内服药辅助治疗：每千克鱼每天用诺氟沙星 10 ~ 30 毫克，拌饲投喂，连喂 3 ~ 5 天。或每千克鱼每天用磺胺 -2，6- 二甲嘧啶 100 ~ 200 毫克拌饲投喂，连喂 5 ~ 7 天。

如投喂的是颗粒饲料，可用适量的水溶化，然后用喷雾器将药液均匀喷到颗粒饲料上再投喂。

4. 白头白嘴病

(1) 病原、症状与流行情况。病原尚未查明，病鱼自吻端至眼球处的一段皮肤色素消退，变成乳白色，唇部肿胀，张闭失灵。口周围的皮肤糜烂，有絮状物黏附其上，可见“白头白嘴”症状。此病主要危害夏花草鱼，是夏花草鱼培育阶段的主要病害。

(2) 防治方法。采取先杀虫后杀菌的治疗方法。①全洒泼洒硫酸铜与硫酸亚铁合剂杀灭寄生虫，用量为硫酸铜 0.5 毫克 / 升加硫酸亚铁 0.2 毫克 / 升。②第二天后用二氧化氯杀菌，连用二天。用量为 200 克 / 亩。

5. 草鱼出血病

(1) 病原、症状与流行情况。病原为草鱼呼肠孤病毒，患病初期，病鱼食欲减退，体色发黑，随后病鱼即表现出不同部位的出血症状，在口腔、上下颌、头顶部、眼眶周围、鳃盖、鳃及鳍条基部和腹部等都可见明显的充血、出血，有时眼球突出。肌肉呈点状或斑块状出血，严重时全身肌肉出血呈鲜红色。肠壁因充血和出血呈鲜红色，肠内无食物。主要危害一龄草鱼种，8 月份为发病高峰季节。

（2）防治方法。①鱼苗疫苗浸泡：用尼龙袋充氧，以 0.5% 浓度的草鱼出血病灭活疫苗，加浓度 10 毫克 / 升莨菪碱，在 20 ~ 25℃水温下浸泡 3 小时。也可用低温活毒浸泡免疫法，以草鱼出血病活弱毒作抗原，在 13 ~ 19℃条件下浸泡草鱼种，保持 25 天以上，可使草鱼种获得免疫力。②鱼种疫苗注射：可采用皮下腹腔或背鳍基部肌肉注射。疫苗量视鱼的大小而定，一般控制在每尾注射疫苗 0.3 ~ 0.5 毫升。

6. 肠炎病

（1）病原、症状与流行情况。病原为气单胞菌。病鱼离群独游，游动缓慢，体色发黑，食欲减退。病情较重的，腹部膨大，肠壁充血发红、肿胀发炎。此病主要危害 10 厘米以上草鱼，水温 25 ~ 30℃为流行高峰。

（2）防治方法。①彻底清塘消毒，保持水质清洁。严格执行“四消四定”措施。投喂新鲜饲料，不喂变质饲料，是预防此病的关键。②发病季节用二氧化氯全池泼洒预防，用量为 200 克 / 亩。③每千克鱼每天用鱼用庆大霉素 10 ~ 30 毫克拌饲，分上下午二次投喂，连喂 3 ~ 5 天。④每千克鱼每天用诺氟沙星 10 ~ 30 毫克拌饲，分上下午二次投喂，连喂 3 ~ 5 天。

# 第十章
# 团头鲂池塘健康养殖技术

## 第一节　概　况

### 一、分类与分布

团头鲂（*Megalobrama amblycephala*）属鲤形目、鲤科、鳊亚科、鲂属，又名武昌鱼，原产于鄂城和武昌县境内的梁子湖。该湖湖面辽阔，直通长江，江水可倒灌，由此使湖水水质良好、饵料丰富，有利于武昌鱼的生长繁殖。自60年代开始，中国科学院水生生物研究所等科研单位对团头鲂进行了大量的研究开发工作，把团头鲂驯化成为了淡水养殖的重要对象，现在全国各地都在养殖这一优良品种。

### 二、养殖现状与前景

团头鲂肉质细嫩，腴美，脂肪丰富，味道鲜美，是我国重要的草食性经济鱼类之一。由于其食性广、生产速度快、抗病力强、养殖成本低、成活率高、易捕捞、管理简便；并且有体形好、含肉率高、味美、规格适中等优点，深受养殖者和消费者喜爱，养殖经济效益较好，有很好的发展前景。

目前团头鲂的主要养殖模式有：池塘主养模式、精养鱼池套养模式、湖泊套养模式等。本章重点介绍池塘健康养殖技术。

## 第二节 生物学特性

### 一、形态特征

团头鲂体高而侧扁，呈菱形，头较小。胸部平直。吻钝圆，口阔，端位。上、下颌等长。眼适中，位于头侧，眼间距宽。鳞圆形或稍带椭圆。腹棱自腹鳍至肛门。胸鳍较短，达到或仅达腹鳍基部。雌鱼胸鳍不达腹鳍，雄鱼胸鳍可达到腹鳍基部，第一根鳍条肥厚，略呈波浪形弯曲。幼鱼胸鳍则超过腹鳍基部。鳔三室。体灰黑色。

### 二、生态习性

1. 栖息　团头鲂性情温和，适应于静水环境，通常在水草丛生的水域栖息，平时多栖息于有沉水植物的敞水区中下层，团头鲂不耐低氧。

2. 食性　草食性，与草鱼的食性相似。幼鱼摄食浮游生物，6 厘米以上开始摄食轮叶黑藻嫩叶。成鱼主要摄食苦草、轮叶黑藻、聚草、菹草和马来眼子菜等水草和植物碎屑，还有少量浮游动物。4 月开始大量摄食，6～10 月为肥育期，摄食强度最大，冬季 11 月温度 8℃以下时停食。

3. 生长　团头鲂为中型鱼类，生产速度较快，当年鱼体可达 12～23 厘米，二龄鱼可达 30 厘米，以后逐渐减慢，最大个体可达 3 千克左右。团头鲂不仅在一般淡水中能够生活，即使在含盐量较高（0.5‰左右）的水体中也能较好生长。主养时，当年鱼种可达50克，二龄鱼可达500克以上。

4. 繁殖　团头鲂2～3龄性成熟，体长25厘米以上，体重0.4～0.5千克。怀卵量一般为3.7万～10.3万粒。绝对怀卵量和相对怀卵量随体重增加而增加。繁殖水温20～28℃。卵为黏性，但黏着力比鲤、鲫鱼的卵差一些，因此附着力弱，更易脱落。产卵场多在浅水多水草的地方，产出的卵黏附在水草上孵化。团头鲂多在夜间产卵，对水流要求不严格。可在池塘及稻田内自行产卵自然繁殖。在水温20～25℃条件下，胚胎发育约需2天。刚出膜鱼苗体长3.5～4.0毫米，体透明，无色，附在植物上，3天后开始水平游动和主动摄食。

## 第三节　健康养殖技术

### 一、池塘条件

1. 选择良好的池塘条件　鱼苗培育池要求：①交通便利，水源充足，水质良好，不含泥沙和有毒物质，排灌水方便。②池形整齐，最好是长方形，东西向，长宽比为5∶3，面积1～3亩，水深1.5米左右以便于控制水质和日常管理。③池埂坚固不漏水，坡比为1∶2.5为宜，池底平坦，少淤泥，无砖瓦石砾和丛生水草。④鱼池通风向阳，其水温增高快，也有利于有机物的分解和浮游生物的繁殖，鱼池溶氧可保持较高水平。鱼种池条件与鱼苗池相似，唯面积稍大一些，深度稍深些，一般鱼种池面积5～10亩，水深1.5～2米为宜。

2. 重视整塘，彻底清塘　经过多年养鱼生产，池塘环境逐步恶化，必须加以清整。整塘就是将池水排干，清除过多淤泥，将塘底推平，并将塘泥敷贴在池壁和池埂上，同时堵漏填缝，检修进出水口，清除池底和池边杂草。清塘就是在池塘内施用药物杀灭影响鱼苗生存、生长的各种有害生物，保障鱼苗不受敌害、病害的侵袭。必须先整塘，曝晒数日后，再用药物清塘。只有认真做好整塘工作，才能有效地发挥药物的清塘作用。

药物清塘分干法清塘和带水清塘。干法清塘是将池水排至余5～10厘米，用溶化好的药物均匀洒于池中和池埂，优点是对底泥中的底栖生物和病原生物杀灭彻底。带水清塘是直接将溶化好的药物均匀泼洒到池水中，不必排干池水。优点是对池水病害生物杀灭彻底，但对底栖生物、泥鳅、黄鳝等杀灭不彻底。

常用清塘药物清塘方法：

(1) 生石灰清塘。生石灰（CaO）遇水后会产生氢氧化钙[$Ca(OH)_2$]，为强碱性，其氢氧根离子（$OH^-$）在短时间内能使池水pH值上升到11以上，并放出大量的热量，从而杀死敌害生物。此外，生石灰清塘后，还可以保持池水pH值稳定，使池水保持微碱性，并可以改良池塘土质，释放出被淤泥吸附的氮、磷、钾等营养盐类，增加水的肥度，生石灰清塘还起到施肥的作用，清塘后7～10天浮游生物可达到高峰，有利于鱼苗生长。生石灰干法清塘用量：一般1亩池塘为60～70千克；生石灰带水清塘用量为：每亩平均水深1米为125～150千克。生石灰清塘的技术关键是所采用的石灰必须是块灰，只有块灰才是氧化钙，才称生石灰。但是水中钙、镁离子多，硬度大的水及盐碱地鱼池不宜使用生石灰。

(2) 漂白粉清塘。漂泊粉是氯化钙与次氯酸钙的混合物，有效成分为次氯酸钙，有效氯约30%。漂白粉遇水后，分解出次氯酸，不稳定的次氯酸会立即分解放出氧原子，原子态氧有强烈的杀菌和杀死敌害生物的作用。漂白粉清塘用量为：一般水深1米,每亩用量13.5千克，即每立方米池水用20克漂白粉。由于漂白粉受潮易分解失效，受阳光照射也会分解，故漂白粉必须盛放在密闭塑料袋内或陶器内，存放于冷暗干燥处。目前市场上已有二氯异氰尿酸，三氯异氰尿酸等药物来代替漂白粉。二氯异氰尿酸清塘浓度为10毫克/升，三氯异氰尿酸清塘浓度为7毫克/升。

(3) 茶粕清塘。茶粕即茶籽饼。茶粕含有7%～8%的皂角甙，是一种溶血性毒素，可使动物的细胞溶解，对野杂鱼、水生昆虫蝌蚪及螺蛳等有毒杀作用，但对虾、蟹和细菌等病原体则无效果。施用后，能促进池中浮游生物繁殖。茶粕清塘消毒用量为浅水消毒，每亩用茶粕20～25千克，水深1米每亩用茶粕40～50千克。

## 二、苗种培育

1. 培肥水质，确保鱼苗在轮虫高峰期下塘　为了让鱼苗下塘后能获得量多质好的适口饵料，必须在鱼苗下塘前培肥水质，为鱼苗提供最佳适口饵料，此乃提高鱼苗成活率的关键。

鱼苗下塘到全长至15～20毫米，其食性转化规律一般是轮虫和无节幼体—小型枝角类—大型枝角类和桡足类。鱼池经暴晒、消毒，注水后，浮游生物相继出现，它们数量达到高峰的顺序依次是：浮游植物和原生动物——轮虫和无节幼体—小型枝角类—大型枝角类—桡足类。“肥水下塘”就是利用两者的一致性，不但使刚下塘的鱼苗有充足的适口饵料，而且以后各发育阶段也都有丰富的天然食物。生产上采用施肥的方法，人为制造轮虫高峰，在高峰期下塘，但关键要掌握施肥时间。一般 7 天左右是鱼苗开口饵料的高峰，7 天之后达到浮游动物的高峰期。鱼苗下塘前，必须“试水”和拉网，科学选购体质健壮的优质鱼苗，并经过暂养，饱食下塘，下塘时注意风向，放苗地点选择在池塘上风处。

2. 合理密养　放养密度直接关系到养殖效益，合理密养可充分利用水体，节约饵料、肥料和人力。一般鱼苗养至夏花，每亩放养 10 万 ~ 20 万尾鱼苗。也可适当多放，但必须根据池塘条件，饵料、肥料质量，鱼类种类，养成夏花的规格及饲养技术水平确定。

3. 精心喂养，分期注水

(1) 肥水下塘。鱼苗下塘前 5 ~ 7 天，每亩施有机肥 300 ~ 400 千克，辅施 10 千克化肥培养轮虫等天然饵料。

(2) 按时投喂豆浆，鱼苗下塘 1 ~ 5 天，每天均匀全池泼喂豆浆 2 ~ 3 次，每次每亩 15 ~ 17 千克黄豆浆，6 ~ 10 天内，每天喂豆浆 2 次，每次每亩 30 ~ 40 千克黄豆浆。

(3) 适时施追肥，鱼苗下塘 3 ~ 5 天每亩施有机肥 100 ~ 150 千克，或绿肥 300 千克，培养大型浮游动物，满足鱼苗饲养中、后期需要。

(4) 增投精饲料，鱼苗下塘 11 ~ 15 天，每亩应增加投喂 1.5 ~ 2 千克干豆饼磨成的豆饼糊或磨细的酒糟等精饲料。

(5) 做好出塘准备，鱼苗下塘 16 ~ 20 天后达到夏花规格，需拉网锻炼，锻炼鱼体体质。

(6) 分期注水。鱼苗初下塘池水保持 50 ~ 60 厘米，以后每隔 3 ~ 5 天加注一次新水，每次加注 10 ~ 20 厘米，培育期间共加水 3～4 次，最后加至最高水位。注水时在注水口用密网拦阻，防止野杂鱼和其他敌害生物流入池内。

4. 加强日常管理

(1) 巡塘，每天早晨和下午各巡塘一次，观察水色和鱼的动态，发现浮头及时处理，下午检查鱼类吃食情况，确定次日投饵量，做好“塘卡”记录。

(2) 适时注排水，改善水质，通常每月注水 2～3 次，7～8 月，3～5 天加水一次，每次加水 10～20 厘米。勤注新水，排除底层水，加水宜在凌晨进行，排水宜在中午进行，这样可促进水体上下对流，及时补充溶氧。

(3) 坚持四定投喂原则，即定时、定点、定量、定质。

(4) 防病，鱼种培育，正值高温季节，必须加强病害防治，否则会造成病害流行。夏花下塘时必须采用药物浸浴，通常将夏花放在 20 毫克 / 升的高锰酸钾溶液中浸浴 15～20 分钟，应经常洗刷食台，捞除残饵，保持食场的清洁卫生，鱼病高发季节，每半月用 200～300 克漂白粉对食台及周边消毒。每 20～30 天用 30 毫克 / 升生石灰全池泼洒，提高 pH 值，改善水质，防止鱼类患烂鳃病。寄生虫高发季节，可用硫酸铜和美曲膦酯杀死食场附近寄生虫，不喂隔夜食、变质饲料，不施未发酵的“生粪”。

(5) 认真做好鱼种养殖管理记录，建立鱼池档案，以便总结经验，改进工作。

5. 并塘越冬　秋末冬初，水温降至 10℃以下，应将鱼种依规格进行分类归并，放养于较深的池塘内，以便管理和安全越冬。拉网前鱼种应停食 3～5 天。拉网、捕鱼、选鱼、运输等工作应小心细致，避免鱼体受伤。

## 三、成鱼养殖

### （一）放养前准备

1. 池塘条件　池塘面积以 6 ~ 10 亩为宜，水深 2.0 ~ 2.5 米。池塘进排水方便，水质应清新，无污染。配备增氧机、投饵机等设备。

2. 药物清塘　采取生石灰或漂白粉清塘。

3. 机械增氧　增氧机是一种比较有效的改善水质、防止浮头，提高产量的专用水产养殖机械。增氧机具有增氧、搅水和曝气等三方面的作用。增氧机的使用应注意“三开”、“两不开”，“三开”即晴天中午开机，阴天清晨开机，连绵阴雨天半夜开机。“两不开”即傍晚不开机，阴雨天白天不开机。

4. 鱼种放养　长江流域鱼种放养应在春节前完成，提早冬放。鱼种放养前要清塘消毒。由于冬季天气寒冷，池底经过日晒和冰冻，可冻死淤泥中的有害生物，故最好每年冬天进行。干池后，先清除池中过多的淤泥，修整池埂，平整池底，清除池边杂草，再利用生石灰进行消毒。

放养的鱼种要求体质健壮，体形正常，鳞片完整，肥满结实，背部尾部肉厚，在手中跳动激烈，游动活泼，逆水性强。在网箱密集时鱼种头向下，尾朝上，只看到鱼尾在不断地煽动。

放养密度要根据计划产量、出塘规格和生产条件、技术水平而定。为了充分利用水体空间和天然饵料资源，一般主养团头鲂的池塘也需要搭配混养一些其他鱼类，如鲢鳙鱼、鲫鱼等。主养团头鲂一般每亩放养规格为 50 ~ 100 克的 1 龄鱼种 1 500 ~ 2 000 尾，团头鲂鱼种下塘 15 天后再放养混养鱼种。塘中可搭配规格 100 克左右的 1 龄鲢鱼种 150 ~ 220 尾，规格 100 克的 1

龄鳙鱼种100尾左右，规格50克的鲫鱼种200～300尾套养则一般每亩放养100尾左右。鱼种下塘前用3%食盐水溶液浸洗5～10分钟进行消毒。

5. 日常管理　主要是科学调控水质、合理投喂饲料等。（详见下节）

6. 捕捞　9～10月份，投放的团头鲂一般可达到500克左右商品鱼规格，可以起捕上市。此时正处高温季节，操作要谨慎，拉网前要停食2～3天，采用活水车进行运输。

# 第四节　饲养管理

## 一、水质调控

池塘养殖用水的管理，包括生物、物理和化学诸方面。下面重点介绍与池塘养殖关系十分密切的五项水化学指标及调控方式。

### （一）pH值（酸碱度）

pH值是水质的重要指标。pH值等于7时水体呈中性，小于7时水体呈酸性，大于7时水体呈碱性。淡水鱼类合适的pH值为弱碱性环境，即pH在7.0～8.5之间。

1. 养殖水体pH值过低　pH值低于6.5时，鱼类血液的pH值下降，血红蛋白载氧功能发生障碍，造成自身患生理缺氧症,导致鱼体组织缺氧，尽管此时水中溶氧量正常，鱼类仍会出现浮头现象。鱼的耗氧降低，新陈代谢就会减弱，免疫功能就会下降。尽管食物很丰富，鱼类仍处于饥饿状态。当水体pH值降到5～6.5时会引起水中嗜酸性卵甲藻的繁殖，引起卵甲藻病(打粉病)的发生。pH 值低于 4.4，鱼类死亡率可达 7～20%，低于 4 以下，就会全部死亡。

pH 值过低时，水体中 $S^{2-}$、$CN^-$ 等会转变为毒性更强的 $H_2S$、HCN。pH 值低于 6 时，水中 90%以上的硫化物以 $H_2S$ 的形式存在，增大了硫化物的毒性。

2. 养殖水体 pH 值过高　pH 值过高，则会腐蚀鱼的鳃部组织，使鱼失去呼吸能力而大批死亡。碱性水会使孵化中的鱼卵卵膜早溶，引起胚胎过早出膜而大批死亡。碱性环境下会使可造成鱼类中毒死亡的小三毛金藻大量生长繁殖。此外，强碱性的水体还影响微生物的活性，进而影响微生物对有机物的降解。

pH 值高于 8，水中的 $NH^{4+}$会转化为有毒的 $NH_3$。pH 值高于 10.4，死亡率可达 20%～89%，高于 10.6 时，可引起全部死亡。

3. 水体 pH 值调节技术

(1) 水体 pH 值过低时的调节技术。①清塘。pH 值过低的水体，在清塘时用生石灰，以提高水体的 pH 值。清塘时每亩水面平均 1 米水深用生石灰 100～150 千克。②定期泼洒生石灰水。对于水体呈酸性的鱼池，要定期泼洒生石灰水，每次每亩水面用量 10～20 千克。

(2) 水体 pH 值过高时的调节技术。①清塘。对于水质 pH 值较高的鱼池，清塘时应用漂白粉，以降低水体的 pH 值。用量为每亩水面 3 米水深用漂白粉 10～13.5 千克。②加注新水。可采取加注新水的方法降低水体的 pH 值。

**(二) 溶氧**

溶氧是指溶解在水中的氧气。没有溶氧，水生生物就不能生存。养殖水体溶氧量一般在 5 ~ 8 毫克 / 升。

1. 溶氧的来源、消耗及运转　溶氧主要来源于水中浮游植物的光合作用。在精养池中，晴天浮游植物光合作用产生的氧气可达到精养池一昼夜溶氧总吸入量的 90.3%，而空气中的氧通过扩散作用溶入水中的仅占 9.5%。

养殖水体中消耗溶氧最多的为浮游生物(晚上)、细菌的呼吸作用和水中有机物的氧化分解，可占到 72.9%，鱼类耗氧仅占 16.1%，上层过饱和逸出的氧气约占 10.4%，底泥耗氧约 0.6%。因此，为减少池水中的氧气逸散到大气中，可在晴天光合作用强烈时开增氧机（约在中午 12 ~ 13 点），以便将上层溶氧送入池底部。

2. 溶氧对水产养殖的影响　溶氧量的多少直接影响鱼类摄食、饵料的利用率和鱼类生长速度。缺氧时，鱼类烦躁不安，呼吸加快，大多集中在表层水体活动；缺氧严重时，鱼类大量浮头，游泳无力，甚至窒息而死。溶氧量 5 毫克 / 升以上时，鱼类摄食正常；当溶氧量降为 4 毫克 / 升时，鱼类摄食量下降 13%；而当溶氧量下降到 2 毫克 / 升时，其摄食量下降 54%，有些鱼已难以生存；若下降到 1 毫克 / 升以下时，鱼类停止吃食，大部分鱼不能生存。

当溶氧不足时，氨氮和硫化氢则难以分解转化，极易达到危害鱼类健康生长的程度。池中溶氧量充足则可以改善鱼类栖息的生活环境，降低氨氮、亚硝酸盐氮、硫化氢等有毒物质的浓度。

当池水中溶氧量饱和度达 150%以上，溶氧量达 14.4 毫克 / 升以上时，易引起鱼类气泡病，特别是在苗种培育阶段。

3. 溶氧的日常管理

（1）每年冬春季及时清除池底淤泥。

(2) 放养密度要合理，避免追求高密度而引起的长期缺氧。

(3) 制订合理的投饲计划，减少残剩饲料等有机物质的有机耗氧量。

(4) 适时施肥，促进浮游植物的生长，增加溶氧量。

(5) 采用微生态制剂，增加水体溶氧。

(6) 水体溶氧过饱和时，可采用泼洒粗盐、换水等方式降低溶氧。

(7) 合理使用增氧机。在晴天的中午开动增氧机，搅动水体，将水体上层的过饱和氧输送到水体下层。

**（三）非离子氨**

水中的氨氮以分子氨（非离子氨）形式存在时，对鱼类有很大毒性。

1. 氨氮的来源　氨氮的主要来源是沉入池底的饲料肥料、鱼类排遗物和动植物死亡的遗体的腐烂分解。

2. 非离子氨对水产养殖的毒害作用　当非离子氨（$NH_3$）通过鳃、皮肤进入鱼体后，会增加鱼体排氨负担，使鱼血 pH 值升高，影响鱼体内多种酶的活性，造成机体代谢功能失常或组织机能损伤，表现为行动迟缓、呼吸减弱、丧失平衡能力、食欲减退，甚至引起充血，呈现与出血性败血症相似的症状。非离子氨浓度应小于 0.02 毫克 / 升。当非离子氨达到 0.05 ~ 0.2 毫克 / 升时，鱼的生长速度将会下降；达到 0.2 ~ 0.5 毫克 / 升，鱼类有轻度中毒，容易发病；若超过 0.5 毫克 / 升，极易导致鱼类中毒、发病，甚至大批死亡。

3. 控制氨氮的方法　氨氮在微生物作用下，通过硝化及反硝化作用转化为硝酸态氮或氮气。硝酸态氮对鱼类没有毒性，且是水生植物的营养元素。氮气可逸散到大气中，对鱼类没有危害。

(1) 使用增氧机。根据不同天气状况，在不同时间开增氧机 1～2 小时，不仅增加鱼池溶氧，又可降低氨氮和硫化氢等有毒气体含量。

(2) 换水。排出底层 20～30 厘米的水，并注入新水。

(3) 使用增氧剂。泼洒过氧化氢、过氧化钙等。

(4) 使用氧化剂。用次氯酸钠全池泼洒，使池水浓度达到 0.3～0.5毫克／升；或用 5%二氧化氯全池泼洒，使池水浓度达到 5～10 毫克／升。

(5) 泼洒沸石或活性炭。一般每亩使用沸石 15～20 千克或活性炭 2～3 千克，可吸附部分非离子氨。

(6) 使用微生态制剂。

(7) 较大面积鱼池（50 亩以上）可种植水生植物，如水葫芦，水花生等，以吸附氨氮等有毒物质。种植面积可占全池面积的 1%。

**(四) 亚硝酸盐氮 ($NO_2$–N)**

1. 来源　亚硝酸盐氮是水中有机物分解的中间产物，故亚硝酸盐氮极不稳定。氧气充足时，它可在微生物作用下转化为对鱼毒性较低的硝酸盐，但在缺氧时可转为毒性强的氨氮。温度对水体中的硝化作用有较大影响，温度较低时，硝化作用减弱，氨氮转化为亚硝酸盐氮的数量较少。

2. 对鱼类的毒害作用　亚硝酸盐氮能与鱼血红素结合成高铁血红素，使之失去载氧能力，从而造成鱼类缺氧。一般情况下，亚硝酸盐含量（以氮计）低于 0.1 毫克/升时，不会造成损害；达到 0.1～0.5 毫克/升时，鱼类摄食降低，鳃呈暗紫红色，呼吸困难，游动缓慢，骚动不安；含量高于 0.5 毫克/升时，鱼类游泳无力，鱼体柔软，某些器官功能衰竭。当超过 2.5

毫克/升时，鱼体会出现中毒症状，严重时导致死亡。

3. 控制措施

(1) 开增氧机。增加水体溶氧量，减少形成亚硝酸盐的数量。

(2) 养殖计划。制订合理的放养密度和投饲计划，提高投饵技术水平，减少饲料残渣的剩余和过多排泄的粪便。

(3) 适时换水。适当地排放部分老水，灌注新水。

(4) 施用微生态制剂。

**(五) 硫化氢 ($H_2S$)**

硫化氢有臭蛋味，具刺激、麻醉作用。硫化氢在有氧条件下很不稳定，可通过化学或微生物作用转化为硫酸盐。

1. 硫化氢的来源　在缺氧条件下，含硫的有机物经厌氧细菌分解产生硫化氢。在富硫酸盐的池水中，经硫酸还原细菌的作用，使硫酸盐变成硫化物，在缺氧条件下进一步生成硫化氢。

2. 硫化氢对鱼类的毒害作用　水体中的硫化氢通过鱼鳃表面和黏膜可很快被吸收而形成硫化钠，并还可与氧化酶中的铁相结合，使血红素量减少，影响鱼类呼吸。

水体中的硫化氢对鱼类具有较强毒性，其毒性随浓度的增加而增加。当硫化氢含量达 0.1 毫克/升就可影响幼鱼的生存和生长，当达到 6.3 毫克/升时可使鲤鱼全部死亡。中毒鱼类的主要症状为鳃呈紫红色，鳃盖、胸鳍张开，鱼体失去光泽，漂浮在水面上。我国渔业水质标准规定硫化物的浓度（以硫计）不超过 0.2 毫克/升。对于某些特种鱼类或苗种养殖中，硫化物的浓度应在 0.1 毫克/升以下。

3. 控制措施

(1) 提高溶氧量。提高溶氧量的方法见前所述。

(2) 栽种水生植物。

(3) 使用微生态制剂。

微生态制剂调节池塘水质的方法：微生态制剂是根据微生态学原理而制成的含有大量有益菌的活菌制剂，有的还含有其代谢产物或（和）添加有益的促生长因子，具有维持动物及其内外环境的微生态平衡（调整其微生态失调），提高其健康水平和保护环境的功能。

微生态制剂作用机理主要有优势种群学说、微生物夺氧学说和菌群屏障学说。具有优势种群作用、生物夺氧作用、生物拮抗作用，诱导细胞因子产生，增强鱼类免疫，改善机体内部环境，产生多种酶类，提高饲料利用率，产生多种营养物质，参与机体新陈代谢，促进动物生理机能成熟，降解有机物和调节水质的作用。

渔用微生态制剂从产品的种类来说，可分为三种：一是以单种菌或多种菌与载体组成的渔用微生态制剂，包括体内和体外使用的多种微生态制剂；二是将渔用微生态制剂作为添加剂，采用混合或喷撒等手段，配制成渔用微生态制剂的饵料；三是以单种菌或多种菌与肥料复配成渔用微生物渔肥。

## 二、投饲管理

由于配合饲料具有营养比较全面，蛋白质含量较高，投喂方便，饵料系数低等优点，适合于高密度养殖。现在一般首选投喂配合颗粒饲料的饲养模式，采取“四定”（定质、定时、定位、定量）进行驯化投喂。

采用投饵机，可以喂得均匀不浪费。前期采用粗蛋白含量为 38~40%的配合饲料投喂；中、后期采用粗蛋白含量为 28%

的配合饲料投喂。这样在前期强化培育团头鲂，使其尽快生长，到中、后期其体长、体重才能大幅度增长。因为上市规格每增加 50 ~ 100 克，其售价就会提高很多，可显著提高经济效益。要根据天气、水温、鱼的摄食情况灵活掌握投饲量，每天上、下午各投一次，日投饵量一般为鱼体重的 3% ~ 4%。为了避免产生各种维生素的缺乏症，最好同时投喂一定量的浮萍和其他青饲料。

投喂各种水草，如轮叶黑藻、芜萍等；投喂陆生青饲料，如黑麦草、苏丹草等，以及蔬菜叶等。辅助投喂一些豆饼、糠麸等。

## 第五节　疾病防控

### 一、预防措施

#### （一）采取养殖措施防控鱼病

1. 清整池塘　改善池塘环境条件是防控鱼病、提高产量的重要环节。

（1）减少病源。彻底清理池塘，进行消毒，杀灭和消除水中各种病原体，中间寄主螺、蚌，以及青泥苔、水生昆虫、野杂鱼和蝌蚪等鱼类敌害，可减少鱼类的病虫害。

（2）变瘦塘为肥塘。池塘水排干后，进行冰冻和暴晒，使土壤表层疏松，改善通气条件，加速土壤中的有机物转化为营养盐类。

(3) 增加放养量。池塘清整后，容水量增加，放养量也增加。深水养鱼比浅水养鱼发生病害少。

(4) 巩固池埂。修整鱼池，加固池埂，减少鱼池渗漏，稳定池水，创造良好的水环境，也可减少鱼病。

2. *彻底清塘消毒* 清塘消毒，可杀死虫卵和敌害鱼类，改良土壤，消灭病原体。最好的清塘药物是生石灰。用生石灰清塘能杀死水中害鱼、水生昆虫和各种病原体，以及一些根浅茎嫩的水草，澄清水体，使悬浮的胶状有机质胶结沉淀，池泥矿化。生石灰遇水变成氢氧化钙，又吸收二氧化碳沉淀为碳酸钙，使淤泥成疏松的结构，改善底泥通气条件，加速细菌分解有机质的作用，保存水的 pH 值稳定，成微碱性，有利于鱼类生活。

其次是漂白粉。用漂白粉清塘，能杀死水中害鱼、蛙卵、水生昆虫和各种病原体。用量少，药效消失快，对池水瘦的鱼池效果好。

3. *加强饲养管理* 做好鱼池的管理工作，鱼病的发生就少。水、种、饵、防、管，是鱼池管理工作重要的五个环节。控制好水质，投放健壮的良种，投喂优质饵料，抓紧防病工作，管理科学有序，鱼病就不会发生，或很少发生。重点做好巡塘、适时投饵与施肥、清除水中杂质和敌害、杜绝病原传播。

### (二) 用药物防控鱼病

1. *鱼体消毒* 鱼种由一处移至另一处，鱼体带有病原体是难免的，所以需要处理后再放入鱼塘。常用的方法是浸浴法，即在运输途中采用低浓度的药液，进行鱼体消毒。到达目的地后，用大型工具装入较高浓度的药液，然后将鱼种放入其中进行适当时间的浸泡。浸泡时间的长短，随鱼体大小、体质强弱、药物浓度和水温高低情况确定。

2. 饵料、食场和工具消毒　给鱼投喂不清洁或腐败的饵料，就可能带入致病菌于池中，吃剩的残饵不及时清除，就会在池中腐败分解，为病菌大量繁殖创造条件。所以投喂的饵料要保持新鲜，特别是水草，更要力求新鲜和优质。对长期投饵的场所，也应进行消毒处理。

喂鱼的水草，要用 5 毫克 / 升的漂白粉溶液或石灰水浸洗后再投喂。全价颗粒饵料存放不超过半个月，一旦发生霉变就不能投喂。食场定期泼洒漂白粉或二氧化氯。

网具、捞海、盆桶，也是传播鱼病的媒介。在病区使用过的渔具，要用 10 毫克 / 升的硫酸铜溶液浸泡 5 分钟以上，有条件的应分塘使用。大型工具，应放在太阳下暴晒干后再用。

3. 投喂药饵防控　每年 5 ~ 6 月及中秋节前后，各投喂药饵一个疗程。

4. 全池药物泼洒　在鱼病流行季节前，用药物全池泼洒，有预防鱼病发生的效果。

（1）漂白粉。每半月一次，用 1 毫克 / 升全池泼洒。

（2）硫酸铜和硫酸亚铁合剂。用于预防寄生虫性鱼病的发生。两个月一次，用 0.5 毫克 / 升的硫酸铜溶液和 0.2 毫克 / 升的硫酸亚铁溶液混合后，全池泼洒。

（3）生石灰水。每一亩水深 1 米用 15 ~ 20 千克的生石灰化水全池泼洒。

（4）二氧化氯。用 0.5 毫克 / 升的二氧化氯溶液全池泼洒，预防团头鲂出血病，效果良好。

## 二、常见病害的诊断与治疗

### （一）鱼病的诊断

1. 现场观察　鱼类生病，在体表和体内会出现各种病状，在水中所表现出各种现象也是病状。鱼的死亡是病原体感染，还是水质恶化，要查明原因，不能单从鱼体进行检查，而应从现场进行多方面的观察。

（1）病鱼在水体中的表现。鱼病有急性和慢性两种。患急性鱼病的病鱼，与正常鱼在体外和体质上相似，只是在病变部位稍有变化，但一旦发生死亡，死亡率就急剧上升，短期内可达到高峰。慢性病鱼则体色较黑，个体瘦弱，离群慢游，死亡率慢慢上升，较长时间后出现死亡高峰。另一种情况是，病鱼在水中出现不安状态，一时上蹿下跳，在水中打转，鱼尾上翘，可能是体外寄生虫的袭击，或由于有毒物质引起。一般寄生虫引起的死亡，是慢慢增加，不会大批死亡。如果是有毒物质的致害，常常是突然大批死亡，而且只要在同一水体中，各种鱼都不例外。

（2）饲养管理情况。鱼病的发生与饲养管理紧密相关，如施肥量过大，饵料质量差，投喂过量，都会使水质恶化，缺氧，影响鱼体健康，给病原体、水生昆虫等加速繁殖创造条件，以致引起鱼的大批死亡。如果水质清瘦，投料不足，又会引起萎瘪病和跑马病等。操作不当能使大量鱼体受伤，引起白皮病和水霉病。对施肥投饵、放养密度、规格和品种，拉网操作、历年鱼病发生的情况，应作全面了解。

2. 鱼体检查

（1）目检。从鱼体表面找出患病部位的病原体，或由病原体对机体引起的反应和表现的现象，即病状，可为诊断提供依据。

按病原体的不同，鱼病分为细菌病和寄生虫性两大类。大型寄生虫如蠕虫、甲壳动物、大体型的原生动物、水霉等，肉眼可见。有些病原体，如细菌和小型寄生虫等，肉眼看不到，可根据其病状来辨别。细菌性病常出现充血、发炎、脓肿、溃烂、鳍条基部充血和竖鳞等病状。寄生虫鱼病，常表现出黏液过多，出血、有点状或块状的孢囊等。各种病原体对鱼体引起的病状不同。鱼体检查包括体表、鱼鳃和内脏三部分。

目检主要是以病状为依据。一种病有几种病状同时出现。如患肠炎病，所出现的鳍条基部充血，蛀鳍等病状，在细菌性赤皮病、疖疮病和烂鳃病等都具有。所以目检要认真，检查要细致，要进行全面分析，做好记录。

(2) 镜检。依靠显微镜对目测的病变部位，作进一步检查。从病变部位取少量组织或黏液，置于载玻片上。鳃组织或体表黏液要加少量的水，内脏组织要加少量生理盐水，然后盖上盖玻片，在显微镜下观察。要多观察几个点的组织，在同一水体、同一病鱼上，可能出现两种以上的病，这就应分析病原体的感染强度，分清主要和次要的病原体，从而采取对症下药的治疗方案。

**（二）团头鲂常见病害和防治方法（见表 11）**

**表 11　团头鲂常见病害和防治方法**

| 病名 | 发病季节 | 症状 | 防治方法 | 休药期和注意事项 |
|---|---|---|---|---|
| 出血病 | 7～9月 | 鱼体表两侧充血，内脏器官损害，腹腔内有黄色腹水，肠壁充血。 | 0.2 毫克 / 升～0.3 毫克 / 升的二氧化氯全池泼洒,连续 2 天～3 天。 | 1. 二氧化氯休药期为大于或等于 10 天。<br>2. 勿用金属容器和与其他消毒剂混用。 |
| 烂鳃病 | 6～9月 | 鳃丝充血，略显肿胀，鳃盖内表皮充血发炎，中间部位腐蚀，形成不规则的透明小窗。 | 1. 用 2.5%食盐水浸泡 10 分钟～20 分钟；<br>2.用生石灰 15 克 / 立方米～20 克 / 立方米,每 15 天全池泼洒一次；<br>3. 用二氯异氰尿酸钠 0.3 毫克 / 升～0.6 毫克 / 升,全池泼洒,每天一次,连续 3 天。 | 二氯异氰尿酸钠休药期为大于或等于 10 天。 |
| 细菌性肠炎 | 6～9月 | 肛门红肿，轻压腹部有黄色黏液流出,肠壁充血发炎。 | 0.2 毫克～0.3 毫克 / 升的二氧化氯全池泼洒，连续 2 天～3 天。 | 勿用金属容器。 |
| 水霉病 | 3～5月 | 鱼体表有大量絮状菌丝，寄生部位充血。 | 用 0.4%的小苏打和食盐（1:1）溶液浸泡 20 分钟～30 分钟或全池泼洒。 | 勿用金属容器和与其他消毒剂混用。 |
| 赤皮病 | 5～8月 | 鱼体表出血，鳞片松动脱落，鳍条间组织破坏，有蛀鳍现象。 | 1. 用二氧化氯 4 克～5 克兑水泼洒，每天 1 次,连续 3 天；<br>2. 用五倍子 2 毫克 / 升～4 毫克 / 升全池泼洒，每天一次，连续 3 天。 | 二氧化氯休药期为大于或等于 10 天。 |

续表

| 病名 | 发病季节 | 症状 | 防治方法 | 休药期和注意事项 |
| --- | --- | --- | --- | --- |
| 小瓜虫病 | 2～6月<br>9～11月 | 体表和鳃部布满白色点状的虫体和胞囊，肉眼可见。 | 1.0.4毫克/升干辣椒粉与0.15毫克/升生姜片混合加水煮沸后泼洒；<br>2.3.5%食盐浸泡。 | |
| 车轮虫病 | 5～8月 | 鳃组织损坏，鱼体消瘦、发黑。 | 1. 硫酸铜0.5毫克/升加硫酸亚铁0.2毫克/升全池泼洒；<br>2. 1毫克/升漂白粉全池泼洒。 | 勿用金属容器。使用后注意池塘增氧。 |

## 参考文献


[1] 魏辉杰，李清，王贵英等. 黑尾近红鲌养殖实用技术[J]. 中国水产，2009，(11)：38～39.

[2] 魏辉杰，刘英武，王艳. 黑尾近红鲌商品鱼高效养殖技术[J]. 中国水产，2010，(11)：81～82.

[3] 李清，王贵英，魏辉杰，等. 黑尾近红鲌养殖技术[J]. 渔业致富指南，2009，(11)：38～39.

[4] 谢俊. 健康养殖池塘水质的调控原理与技术[J]. 中国水产，2010，(6)：54～56.

[5] 李保民，曹仲国. 池塘水质调控技术[J]. 渔业致富指南，2010，(21)：28～29.

[6] 李晓明. 春季常见鱼病的防治[J]. 渔业致富指南，2011，(7)：74.

[7] 孙银林. 池塘鱼病的防治措施[J]. 农业装备技术，2011，(2)：31.

特别感谢武汉市青山良种场对本套丛书出版给予的大力支持！

**图书在版编目（CIP）数据**

现代都市农业——水产业技术 / 付明星主编. —武汉：湖北科学技术出版社，2012.8（2013.11重印）

（现代都市农业丛书）

ISBN 978-7-5352-5051-3

Ⅰ. ①水… Ⅱ. ①付… Ⅲ. ①水产养殖 Ⅳ. ①S96

中国版本图书馆CIP数据核字（2012）第099196号

责任编辑：邱新友　　封面设计：戴　旻

---

出版发行：湖北科学技术出版社　　电话：027-87679468

地　　址：武汉市雄楚大街268号　　邮编：430070

（湖北出版文化城B座13-14层）

网　　址：http://www.hbstp.com.cn

---

印　　刷：武汉市首壹印务有限公司　　邮编：430026

---

880×1230　1/32　6.875印张　156千字

2012年8月第1版　　2013年11月第2次印刷

定价：15.00元

---